U0890540

# 芬兰新建筑 II
FINNISH NEW ARCHITECTURE

方 海 著

尤西·第艾宁 摄影

东南大学出版社

## 内 容 提 要

芬兰不仅有阿尔瓦·阿尔托、伊利尔·沙里宁这样的世界级大师,更以其卓越的整体实力荣登20世纪现代建筑最高水平之榜首(K·弗兰普敦评),其促进优秀建筑设计的良好机制,稳健、实用而又充满人情味的现代建筑及其发展历程,都值得我们借鉴,遗憾的是我们对其知之甚少。

本书是2002年出版的《芬兰新建筑》的续集,突出表现芬兰当代建筑(建成于2000—2004年间)的最新成就。作者方海博士特撰写前言介绍了芬兰建筑的两极学派及其后来的发展状况,并精选了24个来自21世纪的典例。与第一辑一样,本书中的精美图片由北欧首席建筑摄影家尤西·第艾宁摄制,并由方海博士提供介绍文字及线图。阅读它是对建筑美的巡礼,更可启迪设计思路,激发创作灵感,相信广大建筑设计专业的师生、建筑师都会喜欢它。

**图书在版编目(CIP)数据**

芬兰新建筑. 2/方海著;〔芬〕第艾宁(Tiainen,J.)摄影. —南京:东南大学出版社,2005. 6
ISBN 7-5641-0062-1

Ⅰ. 芬… Ⅱ. ①方…②第… Ⅲ. 建筑艺术-简介-芬兰-现代 Ⅳ. TU-865.31

中国版本图书馆CIP数据核字(2005)第059486号

责任编辑 姜 来
封面设计 方 海 姜 来
责任印制 张文礼

出版发行 东南大学出版社
地 址 南京四牌楼2号
邮 编 210096
Tel 86-025-83793330
Fax 86-025-83362442
出 版 人 宋增民
经 销 江苏省新华书店
印 刷 恒美印务有限公司
开 本 889mm×1194mm 1/16
印 张 11
字 数 325千
版 次 2005年8月第1版 2005年8月第1次印刷
印 数 1~4000
定 价 86.00元
(凡印刷质量问题,可直接向读者服务部调换。Tel 025-83792328)

# 目 录

# 前 言

芬兰现代建筑的持续成功取决于芬兰建筑的两极学术流派。当 20 世纪早期的芬兰建筑需要英雄的时候，阿尔托应运而生；到 20 世纪后期芬兰建筑需要学术的对抗产生活力时，奥利斯·布隆姆斯达特（Aulis Blomstedt 1906–1979，以下简称“布隆”）强势出现。一般认为，20 世纪 50 年代中期之后，两种对立的建筑学派出现在芬兰，一方面是表现主义的，以自然界有机组织为设计创作之源，另一方面则可称为新功能主义，并逐步发展转化为结构主义的，以理性分析为设计创作之源。这两种流派的划分，其影响之强烈，人们在今天的芬兰建筑文化中仍能强烈地感受到。

### 1 芬兰建筑的两大学派

第一个学派的核心人物是阿尔托，他早在二次大战前就已建立国际声誉，因此理所当然地成为芬兰新建筑的旗帜，几乎在整个 20 世纪，阿尔托建筑事务所都是该学派的中心阵地。第二个学派的核心人物是布隆，该学派的中心阵地则是建于 1956 年的芬兰建筑博物馆，布隆的权威建立在他的系统、深入并且强有力的写作及教学上，尤其在 1957—1966 年，他两届担任赫尔辛基理工大学建筑系教授期间，布隆的学术影响更是日益扩大。

布隆和阿尔托都毕业于芬兰中部的于韦斯基拉中学，他们曾是好朋友。然而到了 20 世纪 40 年代后期，他们对建筑的观念开始出现愈来愈大的分歧，两人的冲突开始表现在各自的写作上，并自然而然影响到个人的交往。两位大师对专业态度的不同来自他们两人完全不同的个性和处世态度，随着两人的冲突日趋激烈，芬兰建筑师，尤其是青年建筑师和建筑系学生也自动划分为两大阵营。

阿尔托主要在二战前参加国际建筑师联盟（CIAM）的活动，但二战以后芬兰建筑师中参加 CIAM 学术活动的则是布隆、比尔蒂拉（Pietilä）和贝塔雅（Keijo Petäjä），他们同当时芬兰建筑博物馆负责人阿兰德（Kyösti Ålamder）等人一道，创立了一个学术团体并出版定期刊物。该团体尤其注重哲学的思考，其侧重理论探索的特点与传统上芬兰建筑师的专业实用主义思潮形成鲜明对比。尽管阿尔托早期曾是一位非常活跃的作者和辩论家，但二战以后他决定抛弃理论探索，支持实用主义的观点。

在芬兰建筑师协会内部，在早期的建筑标准化问题上，阿尔托强调一种“塑性的标准化”，而布隆则开始发展他的工业化生产的住房体系，以适应二战重建的急需。布隆的研究愈加深入并进而探讨世界通用的模数系统。阿尔托对这种严格的模数体系不以为然，当有记者问阿尔托在设计中一般使用怎样的模数系统时，回答是“一毫米或者更小的模数”，这显然是对布隆所研究的国际通用模数系统的嘲弄。阿尔托的另一句名言，“上帝发明纸是用于画建筑的，但很多人都误用了它”，这也是对热衷于讨论建筑性质和理论的理性主义建筑师的一种讽刺。[1]

对阿尔托的嘲弄，布隆始终非常自信并时常反击，如 1954 年布隆毫不留情地攻击阿尔托的“塑性标准化”的理想主义的和抽象的理念：“关于塑性标准化我们已有足够的讨论，但是，为了解决实际问题，标准化仅仅就其字面意义而言，也应该是非塑性的，并且必须用正确的方式。”[2]

平心而论，阿尔托是罕见的建筑艺术天才，但他的塑性标准化对大多数并非天才的建筑师而言，无疑是一种华丽的修辞，而布隆发展的关于和谐比例和实用模数的理论则不仅根植于人类关于和谐的漫长传统中，而且也为具体的设计工作提供了实际的工具。遗憾的是布隆本人并没有足够的时间在实践中全面检视自己的理论，在他的有生之年，全世界的建筑同仁实际上都没有认识到他的研究成果的重要性，直到近 20 年，人们才开始愈来愈深刻地认识到布隆的伟大和过人之处。

两位大师之间的学术争论是真诚的，他们都相互敬重对方。当阿尔托 1976 年去世后，布隆写下感人的文字怀念自己的兄长和学术对手：

“阿尔托的世界对我的重要性是无法言喻的，这种个人的记忆没有开始，也没有结束。在此仅说维堡图书馆，尤其是其室内设计，其屋顶采光及声学设计，其完美无缺的细节设计，全部能反映出一种天才的理念，我从未经历过同样完善和谐的空间。”

“阿尔托的个人魅力令我终身难忘，我清楚地记得我同他一起坐在赛那沙罗镇中心的内院台阶上讨论该建筑的许多细节，他问我多功能报告厅室内屋顶支承结构的木构件是否需用金属皮覆盖，我回答道：在我看来，这个房间现在这个状态是最完美的。于是，全世界现在都能看到阿尔托的这个优秀的细部设计。随后，当我在静默中感受这座建筑的内在美感时，阿尔托自语道：现在，这个作品应该没问题了，因为布隆已经在这儿坐了这么长时间了。”[3]

图 1　阿尔托 1934—1936 年为自己设计的住宅兼工作室室内

## 2 思想家阿尔托

阿尔托用作品说话，其作品涉及范围之广，数量之大，品种之多，质量之高，都在全世界首屈一指，他的设计实践具有强烈的社会意义。对芬兰和整个世界而言，阿尔托不仅是一位天才的建筑师，而且是位影响深远的思想家、哲学家和社会文化学者。（图 1–6）

在阿尔托的写作和演讲中，我们能强烈感受到具有普遍意义的三大亮点：其一是从 20 世纪 20 年代末阿尔托对功能主义的热情追求，其二是 20 世纪 30 年代阿尔托对理性主义的批判性思考以及随后的战后重建实践中对大量实际问题的出色解决，其三是 20 世纪 50 年代中期以后阿尔托作为芬兰科学院院士对许多文化哲学问题的关注和思考。[4]

人与自然的关系是阿尔托为自己和现代建筑提出的最关键的问题，普通人的命运与一个社会的稳定、生活的和谐和生活的效率密切相关。作为一位智者，阿尔托不仅很早就认识到功能主义的积极意义，即用技术的力量解除人类对自然的过分依赖，而且也最早意识到功能主义和技术至上思潮的局限。遗憾的是大多数建筑师和决策者们在相当长的时期都对阿尔托的审慎态度不以为然，尽管人人都知道阿尔托的作品无法忽视，尤其是艺术气质上，但都时常将其归类于“个人表现主义”门类。近年来，随着机械思维的衰退，政治乌托邦的破灭，尤其是地球环境的日益恶化，人们开始重新认识和理解阿尔托，重新研究和体会这位智者在诸多方面的远见卓识。

图 2　阿尔托 1950—1952 年设计的赛那沙罗镇中心

阿尔托对生活的理解源自两个方面：其一是生物学，其二是西方文化的人文传统。生物学和自然界的有机系统是阿尔托的伟大导师，在阿尔托的设计生涯中始终在启发着他。但人们看不到阿尔托直接模仿自然，他只是将自然界的某些现象作为设计的线索，而具体的设计过程又总是符合建造的规律，他的天才式的思维方式实际上是无法效仿的。

阿尔托勤奋好学，阅读广泛，非常善于交流，是一位极具吸引力的演讲者。他对知识的吸收和积累自成一体，尤其能结合自己的性格特点寻找和建构最佳知识结构。终其一生，尽管阿尔托的哲学理念非常成熟并自成系统，但小说的影响对他更重要，在他诸多的演讲和写作中，歌德、萧伯纳时常出现，尽管他也会引用康德、叔本华、尼采等哲学家的语录。实际上，阿尔托从小立志做一个彻头彻尾的实践家，因此对理论的知识相对随意，并主要从各种设计，尤其是建筑实践中体会并总结自己对哲学的理解。阿尔托对各种流行时尚的态度是康德式的，即从教条到怀疑再到批判，这使得阿尔托能在功能主义和国际式风行的早期即已认识到其局限，从而发展出自己的更加人性化的设计体系。[5]

对于技术与社会发展的联系，阿尔托也比正统的功能主义者理解得更深更好，并努力将这种理解与创造一个理想的社会秩序结合起来，他认为技术和机械化有助于无阶级社会的兴起，从而创造或发展出一种平等的社会。当人类进入 21 世纪，人们发现芬兰和另外几个北欧国家确实率先进入一种平等而富足的社会，阿尔托至少在自己的祖国实现了他的某种理想。

但阿尔托终其一生都严格地远离政党和政治，努力保持自己少有的政治独立性，在 20 世纪 20 年代他可以同时为白军设计指挥部大楼，为无产阶级设计工人俱乐部；在 20 世纪 50 年代他一方面为芬兰共产党设计文化会堂，同时也为教会设计两处教堂。阿尔托关心的是“普通人”的生活，由此确定建筑及设计以人为本的观念。阿尔托非常钦佩和赞赏莱特，但决不像莱特那样只建造一种小范围的乌托邦，而是关注大范围的“人与社会”。

图 3　阿尔托 1955—1962 年设
自己的建筑事务所办公室

图 4　阿尔托 1964—1973 年设计的于维斯基拉市剧院室内

阿尔托对“普通人”的关注，对设计与建筑活动本身的入迷，使他在心灵上与拉斯金和莫里斯完全沟通一致，阿尔托非常尊重各门类的工匠、技术人员和各行各业能够掌握自己的专业技能如同生命一部分的专家，至于科学家、文学家、艺术家、建筑师更是阿尔托倾心交流的对象，阿尔托明白，在建筑师笔下的线条和工匠手中的工具之间存在着非常重要的合作区域，只有真正的理解和沟通才能完善这样一个区域。

阿尔托始终非常自信，并精力充沛，他虽远离政治，但却热衷于公益事业，尤其是专业范围内的活动。在他担任芬兰建筑师协会主席的 15 年间，芬兰从战后重建走向现代建筑的辉煌，也正是在这 15 年间，芬兰建立了建筑标准化研究院和建筑博物馆。有趣的是，阿尔托主持建立的这两个学术机构后来都成为在学术上反对他的阵地，这些都恰恰从另一方面反映出阿尔托的自信和宽容。

图 5　阿尔托 1952—1962 年设计的赛那尤琪市中心教堂

图 6　阿尔托 1952—1956 年设计的芬兰年金委员会总部大楼图书馆室内

作为思想家的阿尔托认为理论在设计工作中是必要的，但不能以建造工作者及建成后使用者的感受作代价。正因为有深刻的哲学理念作后盾，阿尔托以一种罕见的能力去处理建筑与环境的关系，在其设计的建筑物中无论室内还是室外都能满足最广泛的功能需要。阿尔托总是以极大的热情和乐趣去发现和建立每一个建筑物中的有机生命的特质，无论使用哪一种造型语言，阿尔托都能让自己设计的建筑产生活力。

阿尔托的建筑与环境及个人性格有最直接的联系，其发展演化的过程完全符合事物发展的规律。其作品中最本质的特征源自他关于自然、社会、艺术和技术的思想体系，以及他关于自己在继续一种传统的信念，由他发展成熟的一种独特的现代建筑语言后来被人们称作“有机现代主义”。阿尔托的设计从传统开始，这种传统突出表现在他早期设计的作品中，其中尤其充满意大利古典建筑的影响。但阿尔托的个性使他特别善于吸收别人的长处并成功地转化为自己的设计元素，同时在方法上保持实验性和实用性，时刻以创新的思维向自己的能力挑战，从而最大限度地保证作品的质量，并为芬兰建筑师树立了一个榜样。

## 3 设计导师布隆

有人认为，如果布隆的设计实践范围更广一些，设计作品更多一些，那么他的影响一定会更大。实际上，布隆对芬兰建筑师的影响非常大，在许多方面丝毫不亚于阿尔托的影响。将布隆称为 20 世纪后半叶芬兰建筑师的设计导师，应该是当之无愧的。

布隆是一位天生的教师，也是一位建筑师和设计师的楷模。他是一位要求很严的教师，无论对自己或对别人都同样严格。然而，布隆从来不会用流水账的

图 7　布隆 1960 年为瑞典举办的“芬兰当代建筑展”所作的展示设计

方式去传授建筑师的专业技能，他陈述格言式的观念，创造出精辟的隐喻和比较，从而引导学生对万事万物进行独立观察和思考。布隆认为，真正优秀的教师不需要教授实际的专业技能，而应传授一种专业态度和理念，即正直诚实、专业训练和艺术的追求，由此构成布隆教学体系的本质内容，布隆传授最重要的内容是勤奋、坚忍和创造性的好奇心。

作为他那个时代最优秀的建筑师之一，布隆现身说法，以自己的教学和实践说明建筑师就其本质而言是理想主义者，但实际上工作中都应全心全意地服务于社会，他本人非常严格地按自己确定的原则工作，毫不妥协地将天才的闪现与社会的需要区别开来，但又尽一切可能用艺术的创造来服务于社会，并提升一个社会的品位和活力。在我们的时代，建筑师的职业会因种种原因失去其传统的文化角色而变成单纯的技术堆砌，布隆很早就意识到这一点，因此能够思考并教育以后的数代芬兰建筑师。（图 7–8）

布隆的工作和兴趣范围已远远超出一般建筑师的职业范围。他用毕生的精力展示建筑师的思想理念和理想境界，他的深刻的启蒙教育，文化哲学的分析，理论化的建筑思想，教学和写作以及在视觉艺术领域多方位的实践，构成了现代设计的精神基础。布隆绝不空谈，他非常清楚理论脱离实际的危险，因此在他自己的理论和实践中，哲学、艺术与每天的日常生活都被交织成无法分割的画面。作为一位建筑师和教师，布隆是两种传统，甚至可说是两种文化的调和者，而这两种传统通常被认为是相互对立的，即古典传统和现代主义传统。布隆本人是在 20 世纪 20 年代古典传统的氛围中接受的专业训练，但却立刻投入到现代主义的突破性进程中，古典传统的教育建立在历史上，而现代主义者则将建筑简化到最本质的部分，布隆得益于两者。

在布隆的语汇中，古典这个词意味着永恒的质量和如同自然现象的客观规律，而不是风格方面的局限。布隆所理解的艺术是一种轮回，一种永恒的循环，而不是一种步入未知的过程，这种理念最典型地体现在他的一句格言中：“如果需要新的，那么应该到古老的范畴内去寻找。”在布隆的格言中，使用对立面的结合是一大特色，而他写作及创造格言的主题主要是主观主义与专业训练，感性与理性，自然与存在，朴实与高贵等，布隆的目标往往都浓缩在他的格言中，“只有严格自律才能达到高贵”[6]。

布隆从来不会被外在的表面效果或时尚所吸引，他追求的是艺术、建筑和生活的基本规律和相关变化，如人与自然的关系、人与景观的关系以及人与历

图 8　布隆 1964 年设计的达比奥拉花园城联立式住宅

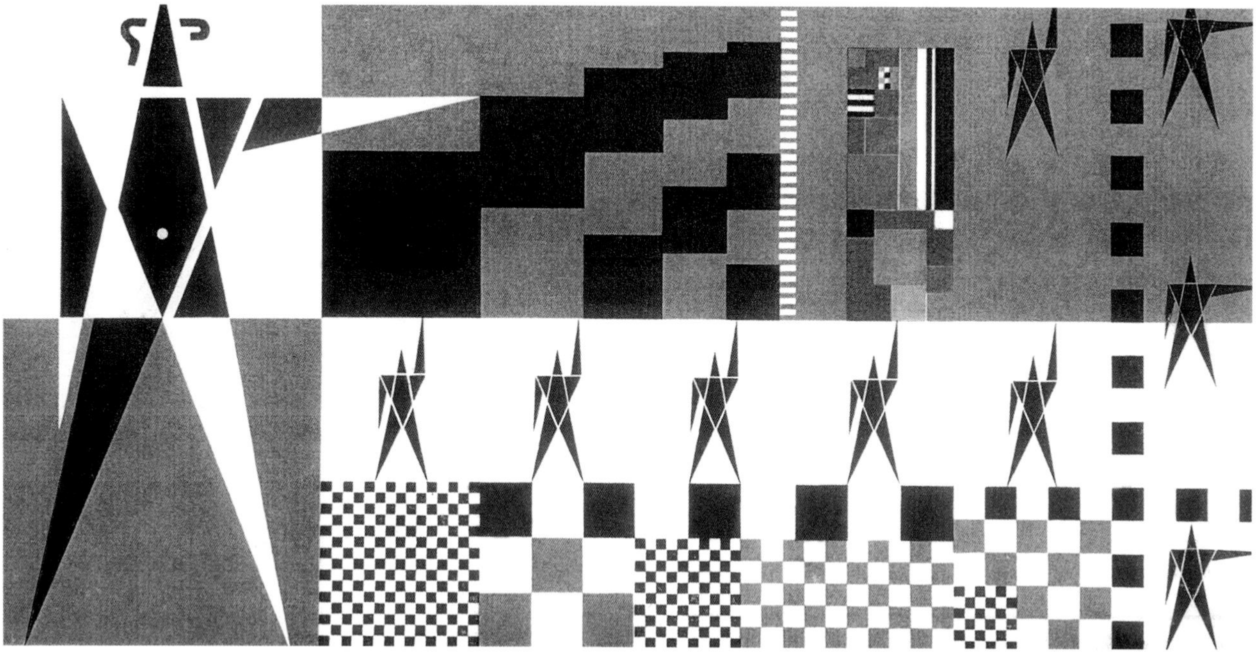

图 9　布隆于 1957 年前后系统研究的 180cm 人体比例与和谐关系分析图

史、社会的关系，甚至是人与人之间的关系。对布隆来说，建筑是强调生命和自然的背景现象，建筑的任务是构筑这个世界，调节人与自然的关系，建筑不仅是形式，也是内容本身。布隆在教学和设计实践中反复检视建筑的基本现象，并归纳其基本的道德和美学原则。

在 20 世纪，布隆是除柯布西埃之外唯一对建筑比例问题进行系统而深入研究的建筑师，他对建筑中的尺度、比例及和谐的独特的研究是划时代的，为的是对工业化时代的建筑设计寻求人性化的设计原则，这种原则能够使现代建筑师、设计师自由追求本质的内容和符合日常生活的设计表达。对布隆而言，建筑是一种道德的存在，建筑的美是一种真实和必然性的表达。在实际的建筑设计中，布隆解决问题的方式总是力图避免自己的幻想，而代之以极为仔细而深入地建立设计过程的基本内容：结构、尺度、韵律，并热心关注整个建设过程的活力，正如他在许多讲座中再三重复的，“建筑师最重要的才能并非幻想空间，而是有能力去想象环境的人性化。”[7]（图 9–10）

布隆设计的建筑具有永恒的魅力，因为它们具有农舍的直截了当，同时更蕴含精确而纯净的和谐比例，布隆真正是将芬兰民间传统设计的菁萃与欧洲艺术传统的精致结合得天衣无缝。布隆在建筑中对本质的追求如同法国画家塞尚一样，布隆认为塞尚艺术中最具革命性的品质并非“新”，而是回归绘画的基本价值取向。在建筑发展史中，布隆认为每个建筑衰落的时代都是因为其建筑远离了本质，“建筑思维的构筑如同建造一个柱式，以砖石相砌而不用泥灰，因此任何偏差都会导致整个结构的倒塌”。[8]布隆一生的设计作品和强有力的教学及研究展示给后代建筑师一种建筑的基石，这种基石是如此坚固而适用，使得芬兰和世界各地的后辈建筑师都受益良多。

图 10　布隆 1973 年所做的 25–V 比例系统研究模型之一

图 11　盖里 1996 年完成的维特拉家具博物馆

### 4 两极的延伸:建筑大师比尔蒂拉与路苏沃里

在现代建筑的黄金时代，我们有几位明灯式的先哲大师：莱特、柯布西埃、密斯和阿尔托，我坚信如果全世界的建筑师都随着他们的足迹去从事专业工作，定会将世界变得更美好。到了后工业社会和信息时代，情况开始发生变化，设计的理念也随消费社会的要求而一变再变。当今的国际建筑舞台上，明星崇拜已成为一种世俗文化，这本身应该是好事，因为它至少带给大众对建筑的兴趣，但品位的好恶却难以避免和协调，盖里（Gehry）、莫耐尔（Mon-eo）、库哈斯（Koolhaas）、霍尔（Holl）、赫佐格与德梅隆(Herzog & DeMeu-ron)等等，不时出现在发行于世界各地的各种建筑及设计杂志上，人们可以赞扬他们，批评他们，由此带来全社会对建筑、对人类居住环境更多的兴趣和关注。（图 11–13）

在芬兰，社会对建筑和建筑师的理解和尊重远远优于世界大多数国家，这也是芬兰现代建筑人才辈出的社会基础。从老沙里宁时代的拉斯·松克（Lars Sonck）和阿玛斯·林德格瑞（Ammas Lindgren），到阿尔托时代的艾瑞克·布雷曼（Erik Bryggman）、艾琪·艾洛玛（Erkki Elomaa）哈尔丁·艾克鲁德（Hilding Ekelund）和布隆，再到下一个时代的代表人物如凯雅和海荃·谢林（Kaija and Heikki Sirer）、阿诺·艾勒威（Aarne Ervi）、威勒尤·瑞威尔（Viljo Revell）、蒂豪·本第拉（Timo Pentilä）和拜卡·比加宁（Pekka Pitkänen）等，都是芬兰的社会明星，他们的工作始终都受到全社会的关注和评论。然而，就阿尔托和布隆所代表的有机主义和理性主义这两个主流建筑学派而言，其下一代的代表性建筑师是比尔蒂拉（Reima Pietilä）和阿诺·路苏沃里（Aarno Ruusuvuori），比尔蒂拉在继续阿尔托的有机建筑的基础上，更加强调地域文

图 12　霍尔 1998 年完成的赫尔辛基现代艺术博物馆室内

图 13　莫耐尔 1999 年完成的库赛尔会议中心

化和设计手法的多样性，与此同时，路苏沃里则将布隆的理性主义原则用混凝土进行时代的诠释，创作了一批 20 世纪 60 年代的混凝土建筑杰作。（图 14–16）

就国际影响而言，继老沙里宁和阿尔托之后，比尔蒂拉成为芬兰最著名的建筑师，自从 20 世纪 50 年代开始他的设计生涯以来，比尔蒂拉就发展出一种不同寻常的极为丰富的建筑表达方式和充满个性化的设计语言，此外他也是著名的教授和著作等身的学者，他创办的奥鲁学派成为芬兰乃至北欧最有影响力的建筑学派之一。自 20 世纪 60 年代起他与建筑师妻子一道主持自己的设计事务所，其设计生涯正好跨越工业化社会转化至后工业时代这样一个特殊发展阶段，比尔蒂拉发展出一种与国际式理想相对立的建筑风格，力图表达地域文化，他们的建筑活动实际上是对人类社会文化发展的一种回答。

比尔蒂拉从一开始就努力探索芬兰现代建筑的民族特色，他坚信民族的就是国际的。芬兰的印象就由其自然的特点构成：水、森林与陆地的交叉延伸，冰、雪与明媚夏夜的梦幻般的对比，这种特殊的自然特征感染着一代又一代的芬兰艺术家、设计师和建筑师，而比尔蒂拉则希望从理念的高度去理解和发展芬兰当代建筑的个性，他认为“建筑必须发展出一种语汇去协调它所处的环境，成为当地文化的一部分。”比尔蒂拉早在 20 世纪六七十年代就系统地提出建筑空间表达的形态学，这种建筑形态学后来成为流行于世界各地的一种显学。[9]

针对沙利文的建筑名言 “形式服从功能”，比尔蒂拉提出 “形式服从手法”，而具体到他的设计实践中，地域主义成为他主要的设计手法，芬兰的自然

图 14　拉斯·松克 1907 年完成的圣约翰大教堂

图 15　艾瑞克·布雷曼 1938 年设计的土尔库主教堂室内

图 16　艾琪·艾洛玛 1967 年设计的雅尔文帕教堂

环境成为他大部分设计的灵感基础，这种自然环境包括芬兰的民间建筑传统。1958 年布鲁塞尔国际博览会的芬兰馆是比尔蒂拉的第一个重要工程，其富于雕塑感的木结构实际上是芬兰传统木构建筑的缩影，而 3 年后的另一个重要项目，赫尔辛基理工大学学生活动中心，其整个布局更是功能主义与建筑形态学的自然结合，比尔蒂拉始终强调“建筑师应该对自然环境怀有深刻的记忆。”[10] 在举世闻名的芬兰塔比奥拉（Tapiola）花园城设计中，比尔蒂拉在其住宅设计里使用三种芬兰最常见的树：桦树、云杉和松树，作为立面设计的主题，而住宅的体量和布局更是完全遵从地形状况。

比尔蒂拉的建筑丰富而多变，人们无法将其归类于现代或后现代的任何门类，他的每个作品都有其无法重复的设计主题，芬兰驻印度大使馆的冰川形态学，坦佩雷市哈瓦达社区中心的材料形态与结构，坦佩雷中心图书馆的贝壳形态分析以及卡拉文主教堂的鱼形平面结构等，都是比尔蒂拉建筑形态学理论的最佳阐释。比尔蒂拉的建筑个性虽强，却能充分满足功能需要，同阿尔托一样，他对同代及后世建筑师的影响在精神上极为深远，却又是无法模仿的。（图 17–18）

与比尔蒂拉同时代的另一位建筑大师路苏沃里在某种意义上是布隆思想衣钵的继承者，但在设计实践和社会工作两方面又影响更广泛。路苏沃里的建筑作品尺度精致，比例和谐，在当今全世界建筑设计领域对极少主义和简约风格的热烈讨论中，他的作品成为最引人注目的焦点之一，对建筑比例和平衡的追求再次成为国际时尚。

路苏沃里是布隆的学生，后来作为布隆的主要助手在其事务所工作多年，显而易见，路苏沃里对布隆的理念追求是非常熟悉的，而路苏沃里的过人精力和多才多艺，又使他在芬兰当代建筑发展中的作用并不限于建筑设计实践，他是芬兰最著名的建筑教授之一，也是作家、建筑评论家、芬兰建筑师协会的主席和芬兰建筑博物馆的馆长，此外他还担任过芬兰专业建筑刊物《芬兰建筑评

图 17　比尔蒂拉 1966 年完成的第柏利学生活动中心多功能厅室内

图 18　比尔蒂拉 1979 年完成的坦佩雷赫拉旺塔社区文化中心建筑群

图 19 路苏沃里 1961 年完成的黑文加教堂

述》的主编。但最重要的，他是一位才华出众的建筑师，其设计事务所的设计项目包括教堂、工厂、住宅和学校等。

对路苏沃里而言，20 世纪 60 年代是他最富创意的时期，当时全球范围内开始认识到混凝土的巨大潜力，但真正的杰作并不多，而在路苏沃里手中，这种冷酷的材料真正获得了建筑深度的共鸣，在谦逊的几何构图中，他将混凝土转化为感人至深的教堂和工厂空间。他的建筑源自对手边材料的建构品质所进行的精心分析和对建筑的抽象品质的深刻理解，其结果是一种平静而凝神的空间，这类空间尤其适合于北欧的环境。路苏沃里对材料的细致入微的理解和熟练而精益求精的运用使他的作品成为 20 世纪建筑的经典之一，并对后世建筑师产生了深远的影响，日本建筑大师安藤忠雄曾坦言路苏沃里的作品对他的影响是震撼性的。

受布隆的强烈影响，路苏沃里的设计中其形式的精确源自模数制，对模数的精心研究产生空间观念中的比例控制，而路苏沃里最喜欢的模数有两种：一种是用于住宅和小型建筑中的 60cm 模数，另一种是用于公共和工业建筑中的 75cm 模数。路苏沃里认为数学的结构是其建筑作品中一个决定性元素，数学是用来解释原理的：用数学的特征来理解一种环境会容易许多。[11] 但严格的数学结构的体认并不限制路苏沃里对建筑设计构思的大胆想象，其突出的实例是黑文加教堂，该建筑的最初构思是两只握在一起的手。（图 19-20）

图 20　路苏沃里 1964 年完成的霍图尼米教堂室内

## 5 从两极到多极:莱维斯加、西比宁、海林、萨米宁及其他

阿尔托多次强调:芬兰是欧洲的芬兰。显而易见,芬兰在历史发展中在文化的各个方面都不是孤立的,在建筑上尤其如此,20 世纪建筑史上的各种流派,如粗野主义、结构主义、构成主义、地域主义、后现代主义、新理性主义、解构主义、高技派、简约主义和玻璃建筑等,都曾到达芬兰并引起反响,然而芬兰建筑的尊严在于其独立性,它可以参与国际各种建筑思潮的交流,但绝不追风,由此形成芬兰建筑文化的强大生命力。阿尔托和布隆,比尔蒂拉和路苏沃里,他们既开创了各自的设计流派,也为建筑师树立了榜样,随着时代的发展,进入 20 世纪 80 年代的芬兰建筑开始呈现百家争鸣的多彩场景,对这种多流派多手法并行不悖的局面,学术界有三种不同的分类总结,而每种总结方式都是相对而言的。[12]

最简单的一种是两分法,即理性主义和浪漫主义。被列入理性主义的建筑师有古力克森(Gullichsen)、海基宁-科莫宁(Heikkinen-komenen)、海林(Helin)、西托宁(Siltonen)、胡托宁-艾荷尔斯-卡瑞亚(Huttunen-Erholtz-Kareoja)、帕拉斯玛(Pallasmea)、瓦第艾宁(Wartiainen)、露夫斯特隆(Löfström)等;而列入浪漫主义流派的建筑师则有莱维斯加(Leiviskä)、西比宁(Sipinen)、玛赫拉玛齐(Mahlamäki)、帕威拉宁(Paavilainen)、塔沙(Tasa)和沙米宁(Salminen)等。(图 21-25)

另一种是三分法,即绝对派、功能派和意义派。被列入绝对派的建筑师有如下几位:古力克森、海基宁-科莫宁、莱维斯加、西比宁、西托宁、沙克(SARC);列入功能派的建筑师则有沙米宁、海林、露夫斯特隆、瓦第艾宁、阿德勒克瑞兹

图 21　威塔–帕拉斯特–莱诺宁建筑师事务所 1998 年完成的奥鲁大学主楼

图 22　莱赫–布琪宁–劳尼奥建筑师事务所 1997 年完成的土尔库艺术学院

图 23　沙克建筑师事务所 1999 年完成的赫尔辛基日报社大厦

图 24　海基宁-科莫宁 1994 年设计的芬兰驻美国大使馆

图 25　汉诺·雅库拉 1997 年设计的威第公共图书馆

图 26　雅默·布琪宁 1999 年设计的耐米伦那第住宅

图 27　拉赫代尔玛 1997 年设计的索尼宁综合学校

图 28　塔沙 1998 年设计的英图住宅

（Adlercreuz）、威塔－帕拉斯特－莱诺宁（Virta－Palaste－Leinonen）和莱赫－布琪宁－劳尼奥（Laiho－Pulkkinen－Raunio）；而列入意义派的则包括胡托宁－艾荷尔斯－卡瑞亚、玛赫拉玛齐、帕威拉宁、塔沙、帕拉斯玛等。（图 26－30）

图 29　莱维斯加 1998 年完成的曼尼斯托圣约翰教堂

图 30 哈克利–卡呼宁–沙洛宁 1993 年设计的伊达盖斯库斯地下游泳池

更精细的一种分法则可包括近十种不同流派，如阿尔托开创的地域文化主义和人文学派，包括阿德勒克瑞兹、莱维斯加、玛赫拉玛齐、雅默·布琪宁（Jarmo Pukkinen）、拉赫代尔玛（Lahdelma）、哈克利–卡呼宁–沙洛宁（Hakli–Karhunen–Salonen）等；布隆开创的建筑理想主义和基本价值学派，包括海基宁–科莫宁、西比宁、皮罗宁（Piironen）、西托宁等；路苏沃里和瑞威尔（Revell）开创的芬兰功能主义学派，包括古力克森、萨米宁、海林、汉诺·雅库拉（Hannu Jaakkola）等；比尔蒂拉开创的形式理想主义学派，包括瓦第艾宁等；帕拉斯玛开创的技术文化学派，包括胡托宁–艾荷尔斯–卡瑞亚和露夫斯特隆等；以帕威拉宁和索德龙德（Söderlund）为代表的历史主义学派以及以艾拉特（Erat）为代表的生态主义学派，此外洪科宁（Honkoner）等建筑师更多地关注景观设计领域。（图 31–35）

图 31 玛赫拉玛齐 1994 年设计的芬兰森林博物馆

图 32　古力克森–沃玛拉 1999 年设计的盖沙路公寓

图 33　海林 1997 年设计的诺基亚公司总部大厦

图 34　瓦第艾宁 1995 年设计的芬兰电讯公司室内

图 35 露夫斯特隆 1995 年设计的赫尔辛基大学生物研究中心

上述每一种分类方式都有很大的局限性，有时只是为研究问题的方便而使用，实际上每位建筑师在实际工作中往往会随不同项目变换自己的设计视角，因篇幅所限，本文选择四位卓有成效的建筑师简略介绍其设计理念及手法。

尤哈·莱维斯加（Juha Leiviskä）是一位非常独特的建筑师，一般认为，他是继老沙里宁、阿尔托、比尔蒂拉之后芬兰最重要的建筑师。莱维斯加注重传统，其设计风格的创新亦来自传统，这一点从 1975 年完成的奥鲁市的圣托马斯教堂中可以清晰表现出来，在此教堂的设计中，既有布隆对方角的偏爱，亦有阿尔托的丰富变化的世界，而其墙体的独立式构成又明显受到荷兰风格派的影响。莱维斯加成功地将芬兰建筑的两极综合起来，从而创造出一种新的建筑语言。（图 36–38）

图 36 莱维斯加 1971—1975 年设计的奥鲁圣托马斯教区中心

图 37 莱维斯加 1984—1991 年设计的赫尔辛基市瓦利拉社区图书馆室内

图 38 莱维斯加 2002 年设计的帕基拉教区中心

莱维斯加的所有作品都在发展着同一个主题，例如他的教堂设计，每一个都看起来很类似，但每一个又都充满不同的无穷的变化。莱维斯加的建筑个性如此强烈，以至于人们无法用任何一种国际流行的建筑派别来形容他，但建筑师本人认为他实际上受到很多设计思潮的启发和影响，例如解构主义，然而他始终不会忘记自己的芬兰建筑设计传统。在一次国际建筑研讨会上，著名建筑师沃尔夫·普瑞克斯（Wolf Prix–Coop Himmelblan）在讲演中建议将传统抛入垃圾箱中，对此论调，莱维斯加决然反对："我自然能够发现传统建筑的基本价值，建筑的最终目的和作用自古至今始终是一样的。"[13]

在作品中始终发展同一个主题的另一位芬兰著名建筑师是阿图·西比宁（Arto Sipinen），他主要是将构成主义手法自如地转化为多种形式的建筑。西比宁同莱维斯加一样都受到荷兰风格派的启发，但莱维斯加在很大程度上用墙体的变幻创造多样化的空间，而西比宁则是用体量的组合创造出丰富多彩的建筑，这方面最成功的例子是艾斯堡文化中心，其丰富的造型和多变的室内空间都源自抽象的构图。（图 39）

与上述两位建筑师的设计手法完全相反的是针对不同的项目使用完全不同的设计手法，这方面的代表人物是著名建筑师拜卡·萨米宁（Pekka Salminen）。萨米宁在学生时代受到完整的功能主义训练，后又在艾勒威的建筑事务所和本蒂拉建筑事务所工作多年，加上他先后毕业于结构专业和建筑学专业，这一切都使得萨米宁始终强调一切从功能要求出发，针对每一个具体任务找出最合适的解决办法。

萨米宁非常欣赏小沙里宁的作品，尽管至今仍有一些评论家认为小沙里宁的建筑作品缺乏一种成熟而统一的风格，但萨米宁认为建筑师能针对具体情况解决好设计中出现的各种问题，这本身就是一种真正符合社会需要的风格。此外萨米宁也受到丹麦建筑师伍重的强烈影响，伍重的建筑实践使萨米宁充分认识到自然形式和结构的美以及它们对建筑师的无穷尽的启发。同小沙里宁和伍重一样，材料和结构是萨米宁设计工作的主要出发点，只有当材料与结构真正融为一体，建筑师笔下才能产生杰作。

图 39　西比宁 1989 年设计的艾斯堡市文化中心

在芬兰，萨米宁主要是公共建筑方面的建筑师，其涉及范围非常广泛，但他都能将每一个庞大而复杂的建筑项目细化到每一个螺钉和安装细节，并依不同的材料和结构性能创造出最合理的方案；在拉赫第歌剧院中，萨米宁充分探讨混凝土的潜力，设计出一座极富魅力的现代混凝土建筑；在坦佩雷警察学院，他又探索砖石与混凝土综合使用的可能性，其结果同样引人入胜；在赫尔辛基国际机场航站楼的设计中，玻璃与钢成为主体建筑的材料，萨米宁和他的团队深入细致的工作最终创造出一座欧洲最佳机场和全世界最佳机场之一；而在最近刚完成的德国玛丽亚大教堂改建为歌剧院的项目中，萨米宁又以他极富挑战性的设计手法完成了一件欧洲当代改建工程的杰作，该项目建成后已获得欧洲、德国及芬兰近两年的几乎所有建筑奖项。[14]（图 40–44）

图 40　萨米宁分别于 1976 年和 1987 年设计并建造的事务所建筑（右）及工作室（左）

图 41　萨米宁 1983 年完成的拉赫第市歌剧院门厅室内

图 42　萨米宁 1990 年设计完成的赫尔辛基西贝柳斯音乐学院室内

图 43　萨米宁 1996—2001 年设计完成的赫尔辛基国际机场航站楼:国际出发大厅

图 44 萨米宁 1996—2001 年设计完成的赫尔辛基国际机场航站楼：航空指挥塔

图 45 海林 2002 年设计的赫尔辛基市洛合拉合第商业中心室内大厅

拜卡·海林（Pekka Helin）是近十年在芬兰本土最活跃的建筑师，他主持的建筑事务所也因连续几个大工程项目的中奖而成为目前芬兰最大的建筑师事务所。海林在相当程度上同萨米宁一样并不限定自己的风格，尽管他在早期作品中也曾追随过如构成主义、解构主义等设计思潮，但进入 20 世纪 80 年代之后海林的作品主要展现功能主义的风貌，同时也格外注意高科技和生态节能方面的内容，这在他的大型办公及商场建筑和住宅建筑中都有充分体现。海林的建筑在接触国际设计思潮影响方面时常走在前面，这对芬兰建筑舞台非常重要，在当今信息时代，交流就意味着活力。（图 45–46）

注：前言中图 1–20、图 36–46 由方海摄影，图 21–35 为尤西·第艾宁摄影

图 46　海林 1984 年设计完成的赫尔辛基中心花园区住宅

## 注　释：


[1] Göran Schildt, *Alvar Aalto in His Own Words*, Otava, Helsinki, 1997.

[2] Juhani Pallasmaa, "Grown–up Snow Balling", *Ptah: Architecture Design Art* 2003.2, The Awar Aallo Academy, Helsinki.

[3] Aulis Blomstedt, "Aalto Memory", *Finnish Architecture Review*1976, 7–8, Helsinki.

[4] Same as [1].

[5] Kirmo Mikkola, "Aalto the Thinker", *Finnish Architecture Review* 1976, 7–8.Helsinki.

[6] Scott Poole, *The New Finnish Architecture* , Rizzoli, New York, 1992.

[7] Juhani Pallasmaa, "Aulis Blomstedt", *Finnish Architecture Review* 1979, 8, Helsinki.

[8] Aulis Blowstedt, "Man: the Measure of Architecture", *Finnish Architecture Review* 1971. 2, Helsinki.

[9] Kaisa Broner, "The Architecture of Raili and Reima Pietilä", *Living Architecture* No. 6, Copenhagen.

[10] Museum of Finnish Architecture, *Pietilä: Intermediate Zones in Modern Architecture*, Helsinki, 1985.

[11] Kirsi Leiman, *Concrete Spaces: Aarno Ruusuvuori´s Works from the 1960s*.

[12] Jorma Mukala, "The Ideology Game–An Architecture Review", *Finnish Architecture Review* 1999, 6, Helsinki.

[13] Malcolm Quantrull, *Juha Leiviskä and the Continuity of Finnish Modern Architecture*, Wiley–Academy, London, 2001.

[14] Tuomas Silvennoinen, *Themes Pekka Salminen*, Museum of Finnish Architecture, Helsinki, 1998. and see: www.salminen.com

# 实 例

（2000 年—2004 年）

# 1 坎奈尼蒂居住小区　赫尔辛基市
## Kannelniitty Residential Area, Helsinki

**建筑师：ARK 建筑师事务所，6B 建筑师事务所**
**Markku Erholtz, Pekka Heikkinen**
**完成日期：2004 年**

该居住小区位于两组体育活动场地和沿一条小河而形成的一片茂盛的绿地之间，在城市规模尺度上，它则形成两大片与 20 世纪 70 年代住宅小区不同的尺度和特色间的中间元素。该小区由两种住宅组成，四层住宅组团接近相邻的多层住宅小区，两层住宅组团则与邻近的低矮木建筑呼应。该小区与体育活动场地的结合地带拥有城市大型建筑的气势，而接近小河绿地的部分其尺度则相对小一些。

贯穿整个小区的中央道路及相应的停车场将该小区分成 6 块，中央道路是不言而喻的公共空间，而 6 块住宅组团中的内庭院则形成半私密公共空间。设计中采用多种形式的住宅类型，如多层公寓、阶梯式错层公寓及半独立式住宅等。建筑师在设计中采用了丰富的色彩系统，并注意到与相邻的 20 世纪 70 年代住宅建筑的色彩相配合。

庭院设计是该小区住宅设计的一大亮点，它们在理念上被当作室外居住空间考虑，因此使得该小区内每个朝向的庭院都能产生一种积极的小气候。该小区地块按最初规划是为一所学校预留的，1999 年修改城市规划时，该地块改为居住小区，随后赫尔辛基市住宅局主持了全国建筑设计竞赛并最终确定了目前实施的方案。

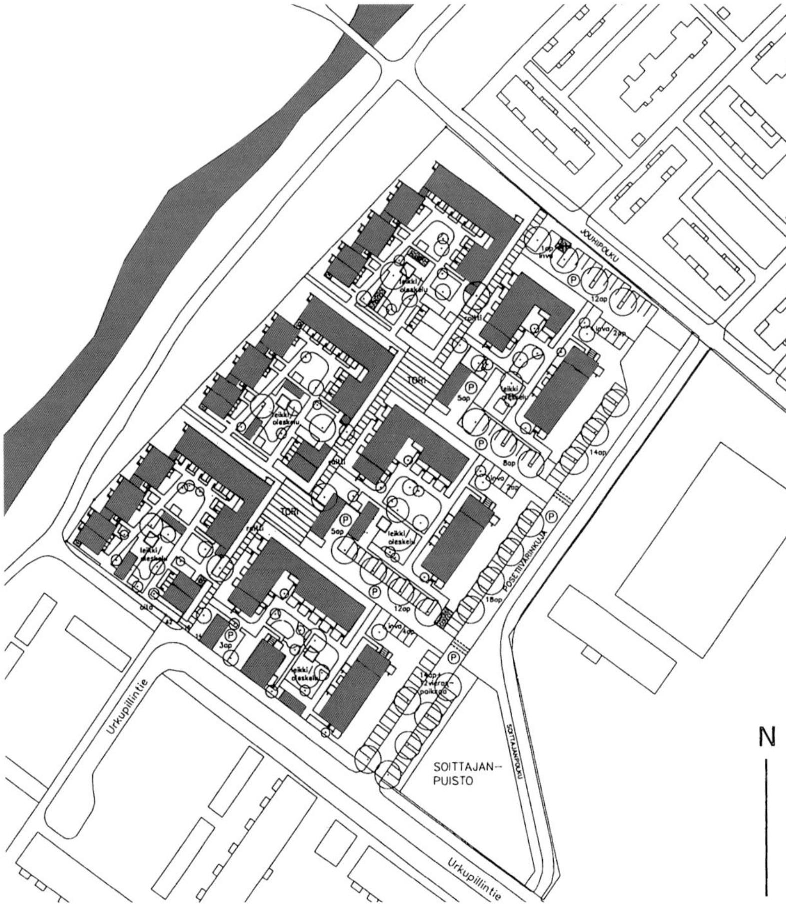


总平面图

小区建筑群外观之一

小区内院花园

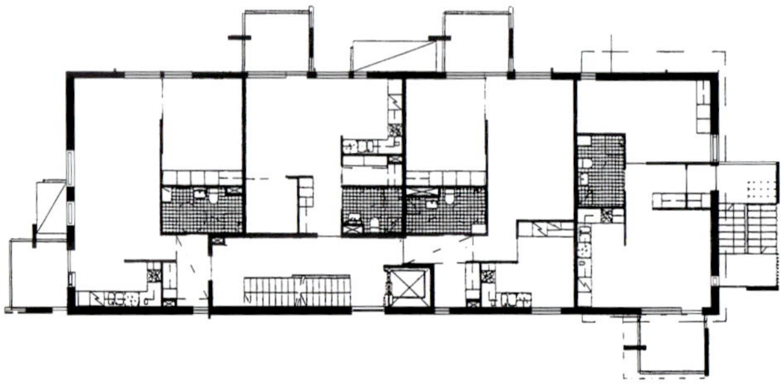

公寓楼标准层平面图

半独立式住宅首层平面图

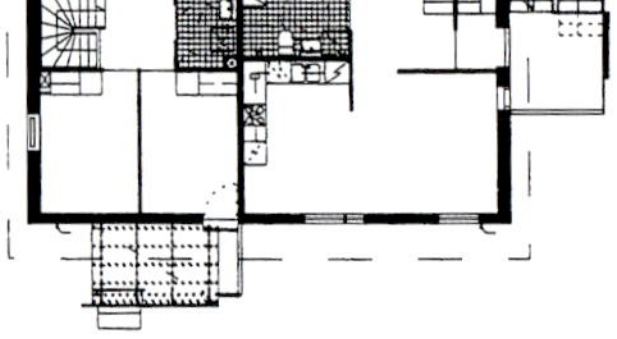

半独立式住宅二层平面图

小区内住宅立面

小区建筑群外观之二

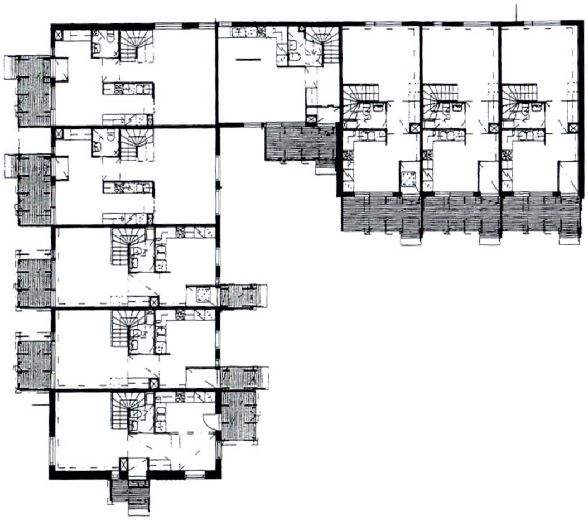

台阶式住宅组团首层平面图

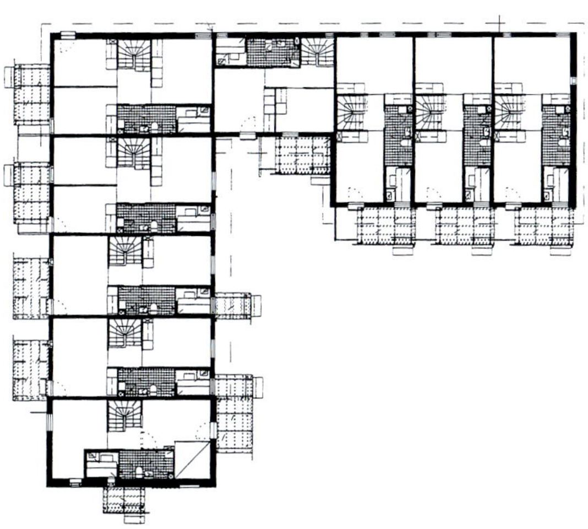

台阶式住宅组团二层平面图

小区住宅半室外空间景观

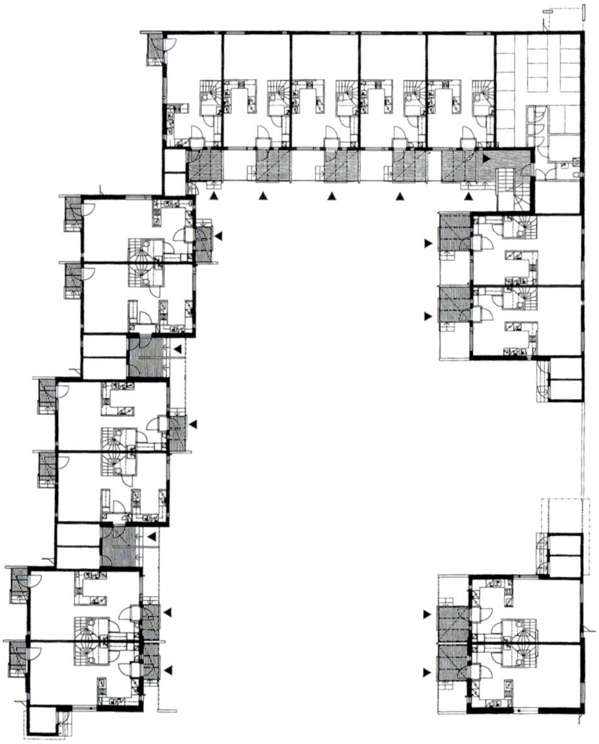

Kannelniitty 住宅组团首层平面图

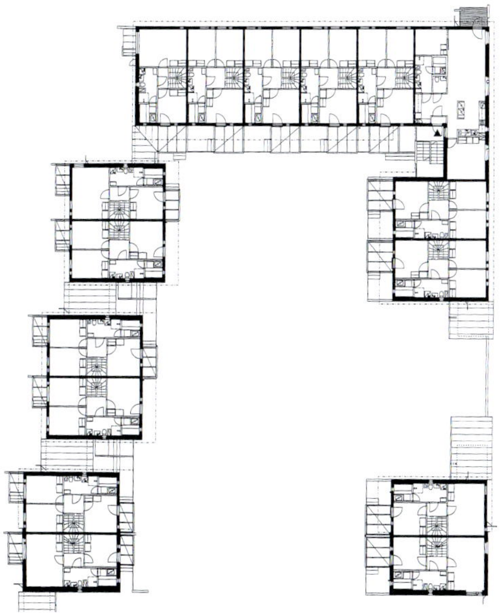

Kannelniitty 住宅组团二层平面图

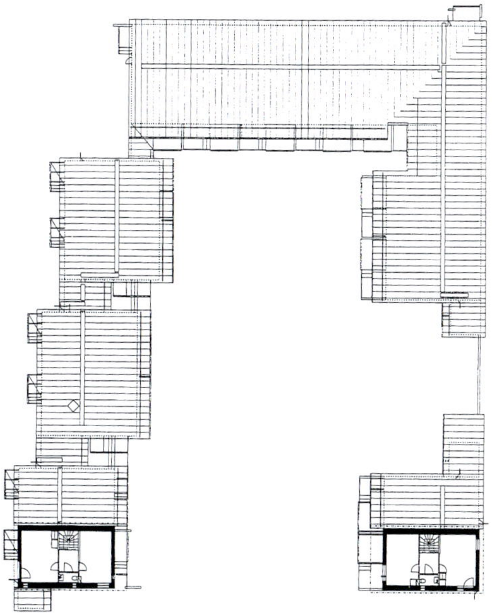

Kannelniitty 住宅组团三层平面图

小区建筑群外景

# 2 威卡拉赫第教区中心　哈米那市

## Vehkalahti Parish Center, Hamina

**建筑师：Käpy and Simo Paavilainen 建筑师事务所**

**完成日期：2003 年**

新的威卡拉赫第教区中心位于哈米那这座古老的森林城市的中心地带，其四周的建筑包括威卡拉赫第的中世纪石头教堂和 20 世纪 20 年代建造的老教区中心。

在新建筑的设计中，建筑师尤其强调水平线的运用，为的是突出邻近教堂高耸的建筑效果，尽管新教区中心只是一个单一的建筑功能单位，建筑师却将它组合成一组大小不同的空间单位，以便在空间感受上更易融入这样一个小城市的组织结构。室内不同空间相当自由地组合在宽阔的平缓的四坡屋顶之下，充分满足了基地和城市景观的需要。主要的办公室、客人服务厅及一个小教堂放在上层，均与地面有直接联系，而大厅、厨房及其他服务空间则位于下层，教区中心主体空间的大玻璃窗面向邻近的公园，保证室内可以欣赏自然景观。

建筑的主体承重结构是钢筋混凝土，而屋顶则使用木结构，建筑的沿街立面用泥灰抹墙，而其他墙面则全部用木片贴叠，建筑立面选用的白色、黄色和灰色都尽可能与哈米那这样一个历史小城的主体色彩格调相呼应，只有服务内院外墙涂成红色。该设计是 1999 年举办的一次建筑设计竞赛的结果。

总平面图

A. 威卡拉赫第教堂

B. 新教区中心

C. 老教区中心

D. 学校主体建筑

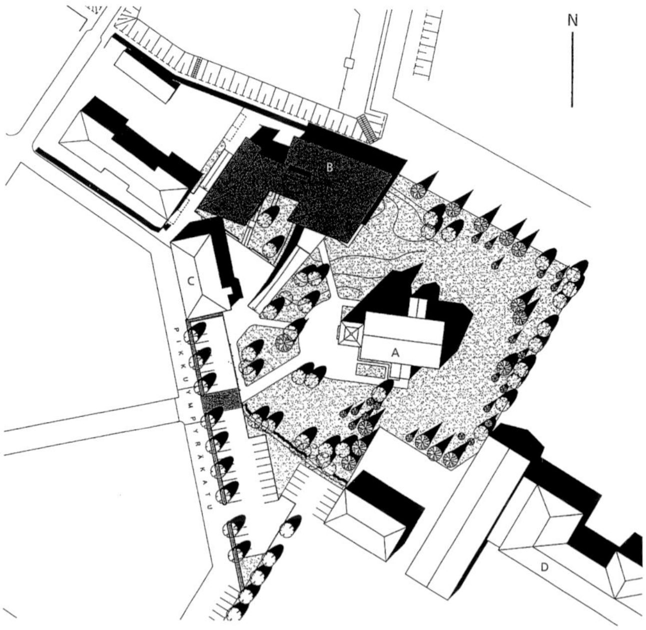


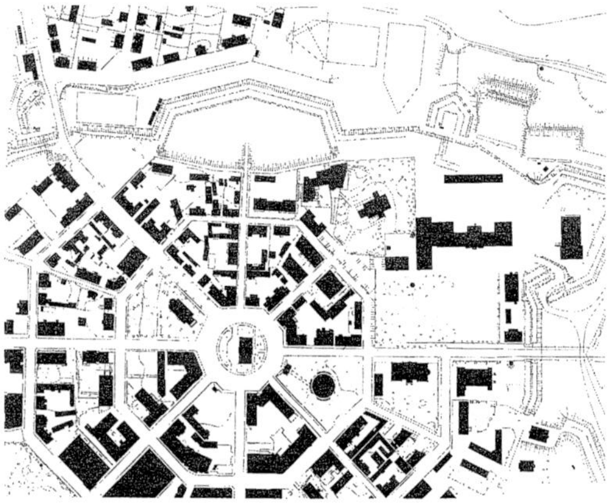

城市结构图

新老建筑群雪景

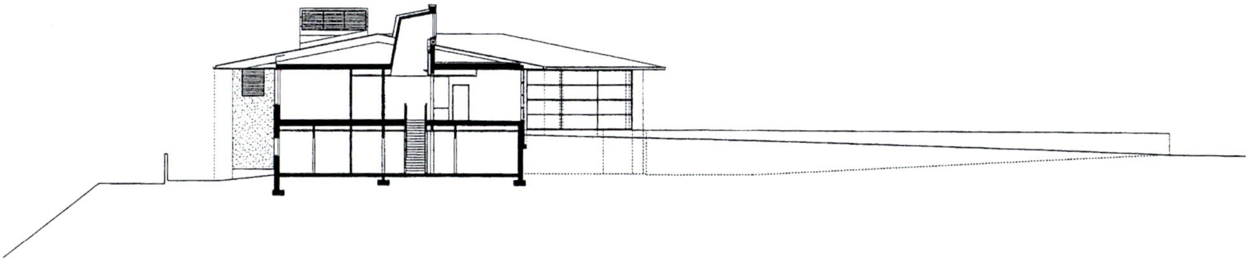

剖面图

新教区中心夜景

新老建筑群夜景

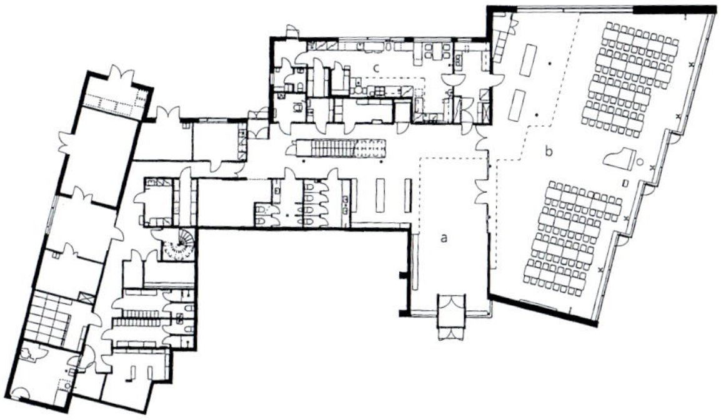

新教区中心首层平面图

a. 门厅
b. 集会大厅
c. 厨房
d. 服务与贮藏室
e. 办公室
f. 小礼拜堂
g. 青年活动中心
h. 空调机房

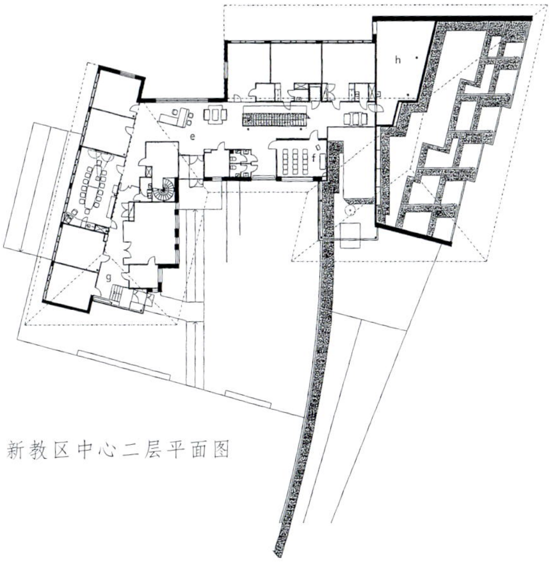

新教区中心二层平面图

新教区中心入口景观

新教区中心主体活动大厅室内

上下层交通空间

新教区中心服务内院

# 3 奥鲁大学建筑学院扩建项目　奥鲁市
## A-Extension Oulu University´s School of Architecture, Oulu

**建筑师：奥瑞与桑达斯建筑师事务所**
**Claudia Auer, Niklas Sandas**
**完成日期:2003年**

奥鲁大学建筑学院新馆的建筑设计来自2000年举办的一次全国设计竞赛,该馆的建成意味着该建筑学院不用再担心被迫迁出市区的问题,位于世界上最北边的这所建筑学院能够继续在原来的地址进行运作。

建筑师在设计中首先考虑基地的特征,法律规定的防火通道以及白桦树群形成了该设计的构图中心,建筑体量的布局和立面色彩的配置都力图与整个街区的尺度和肌理相呼应。室内的十字型内街将该建筑分成四块,屋顶的形式也同样遵循这种四分法构成,从而在城市规划尺度和室内空间两方面都表现出一种强烈的个性。建筑师的设计主题是将一座现代建筑融入其所在的历史氛围中,同时也将建筑学院的日常教学活动与社区文化结合起来。

新馆包括两组教学和操作车间设施及几组公共教学设施,还包括多功能报告厅、展示厅和餐厅。总体而言,建筑师力图创造一种结构上的明晰,并通过简洁的细节带来一种空间质量的体验,以及为建筑学院的创造性活动提供的一种中性背景,对建筑材料的选择则强调真实感和车间操作的气氛。

庭院入口立面之一

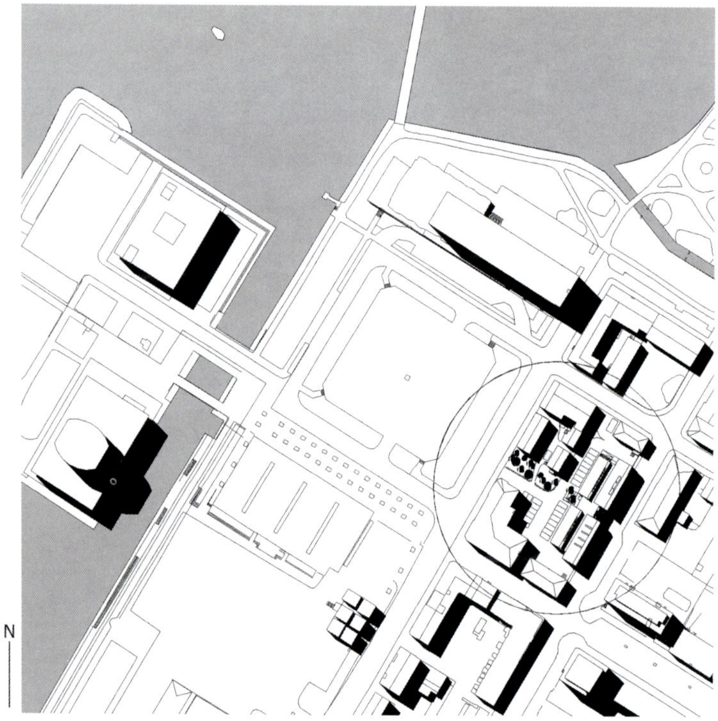


总平面图

入口夜景

庭院景观及其环境

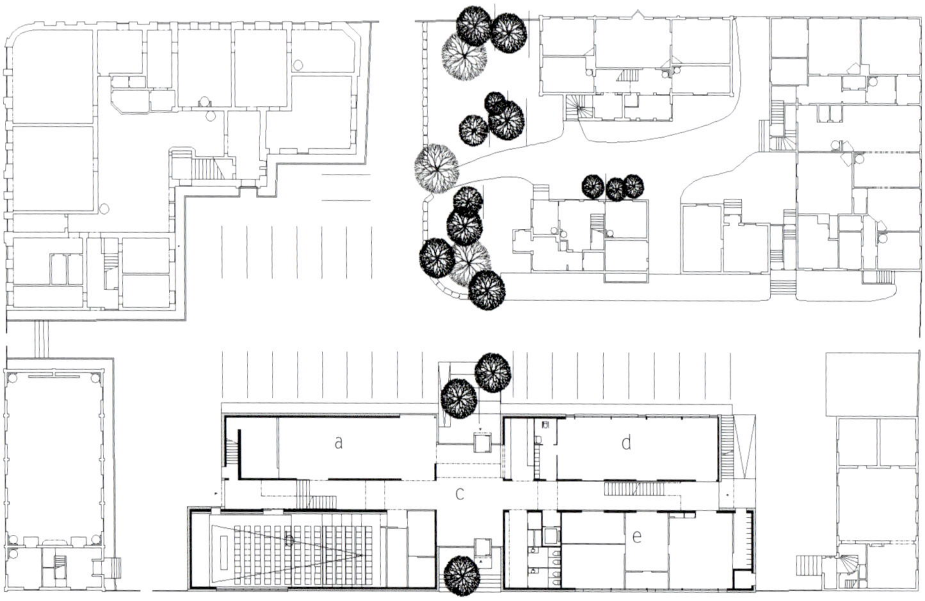


a 展览厅
b 大报告厅
c 咖啡座
d 绘图室
e 工作室
f 办公室
g 建筑设计实验室
h 设计与艺术实验室

首层平面图

新馆二层走廊之一

门厅咖啡座

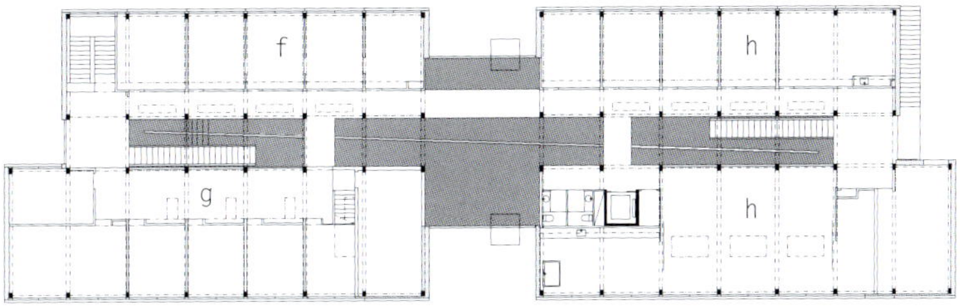


二层平面图

建筑学院新馆建筑沿街景观

街景立面

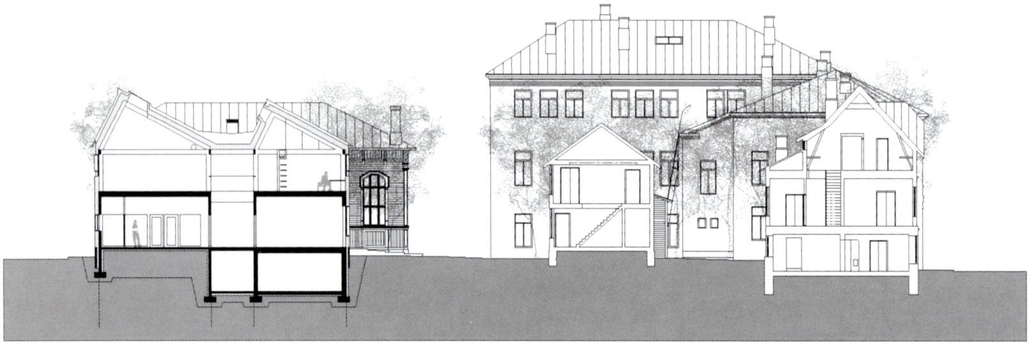

剖面之一

新馆二层走廊之二

屋顶构架

设计实验室

阁楼多功能活动室

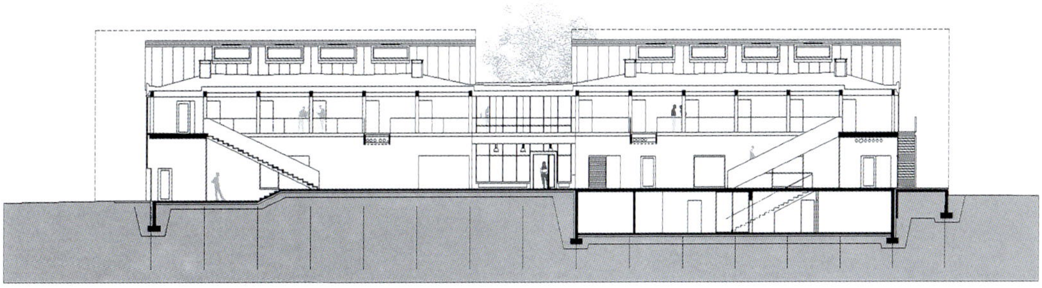

剖面之二

庭院景观

# 4 芬兰国家福利与健康研究发展中心办公楼 赫尔辛基市

Office for National Research and Development Centre for Welfare and Health (STAKES) and Senate Properties, Helsinki

**建筑师：海基宁—科莫宁建筑师事务所**

**Mikko Heikkinen, Markku Komonen**

**完成日期:2002 年**

目前在芬兰，以及欧洲各国，对以前工业区中的许多精美的砖建筑的再利用已成为一种时尚。在赫尔辛基，芬兰国会后勤部门最近为国家福利与健康研究发展中心选择一处以前的谷物及蔬菜货仓大楼作为新的总部办公楼。

对建筑师而言，将现代办公建筑的透明、多功能性和开敞的个性融入庞大的老工业建筑中，并且符合城市规划条款，确实是一种挑战。货仓大楼的大进深尺度对空间组织是一种根本限制，景观式的办公区划应该是最合适的选择。建筑师面对蘑菇顶结构柱的强势体量，采用打磨部分表面暴露混凝土的方式以创造一种开放的大体量中的小空间韵律系统，同时将窗户加大以保证足够的自然采光。外立面的实体感觉被基本保留，并覆以涂成砖色的铝合金窗屏，但内院的立面则全部改装成玻璃幕墙。

该研发中心的新总部办公楼和外观恰如其分地融入老货仓建筑的氛围中，外墙仍用砖砌，办公室和外窗全部统一加上涂成砖色的铝合金窗屏。在室内，通高 8 层的“大峡谷”纵向将办公区分成两部分，该新总部中的所有办公室、会议室及服务空间都放在该室内大峡谷的两侧并保持原建筑的主体色彩系统，建筑师所加入的唯一色彩是室内大峡谷内墙的叶绿色。

建筑沿街景观之一

建筑沿街景观之二

建筑内院景观

餐厅室内

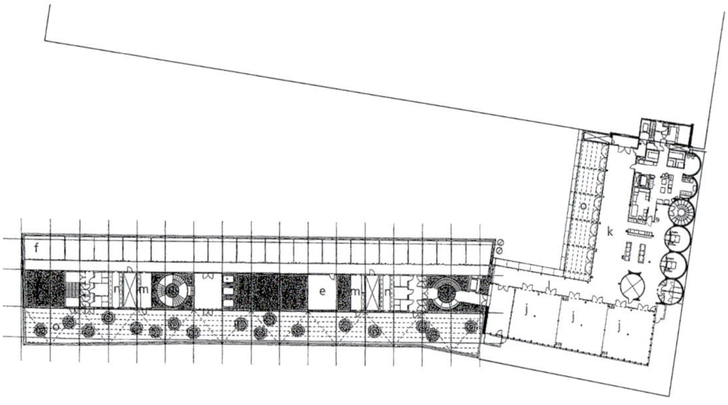

八层平面图

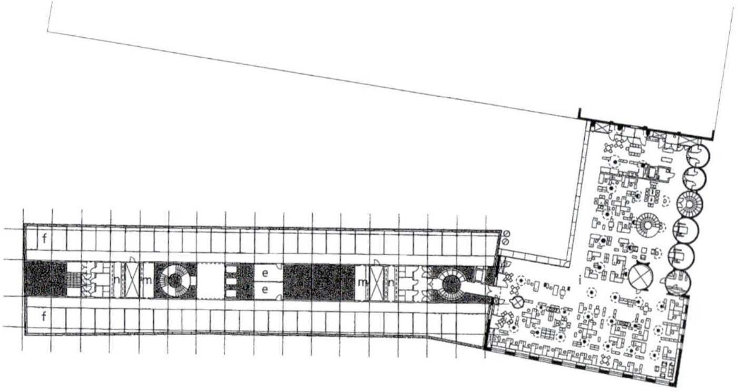

四层平面图

屋顶平台景观

“大峡谷”一侧走廊

a. 门厅
b. 图书馆
c. 档案室
d. 报告厅
e. 会议室
f. 办公室
g. 教室
h. 办公空间
i. 开放式办公室
j. 多功能教室
k. 餐厅
l. 咖啡厅
m. 休息厅
n. 复印室
o. 屋顶平台

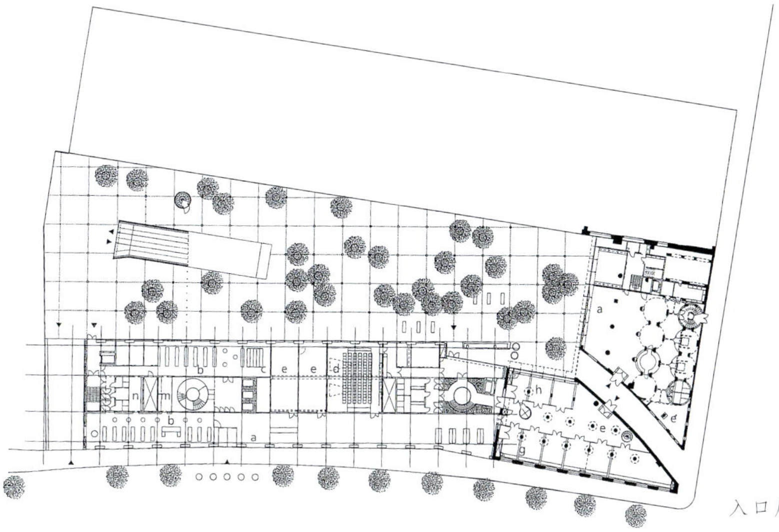

入口层平面图

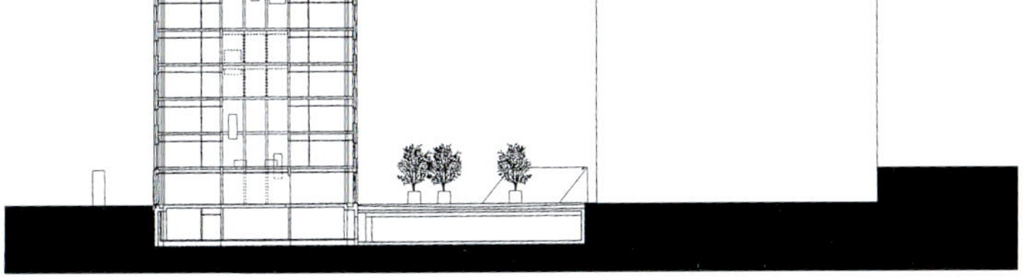

剖面图

标准层办公区

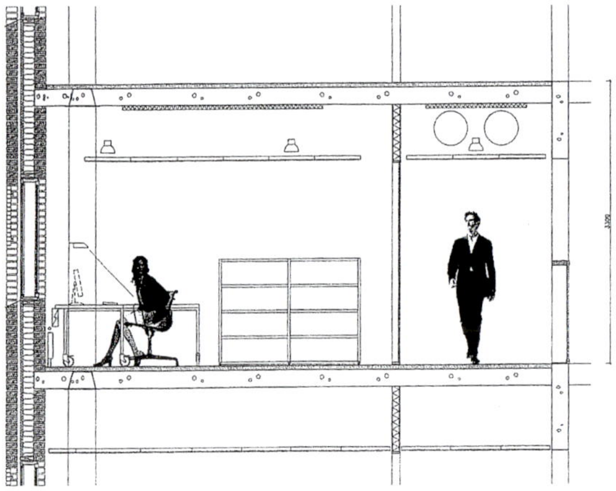

剖面细部分析图

办公楼内休息区

旋转楼梯

# 5 赫尔辛基技术学院媒体中心　赫尔辛基市
## Helsinki City College of Technology, AV Media, Helsinki

**建筑师：ARK 建筑师事务所**
**Pentti Kareoja**
**完成日期：2002 年**

该建筑位于阿拉比亚科研及商业中心，邻近赫尔辛基艺术设计大学的电影与电视制作系和芬兰国家多媒体 LUME 研究中心。该建筑名为媒体中心，实际上基本上是新技术操作车间，其中大部分教学都建立在最新的计算机技术上。

室内功能安排包括各类教室、工作室设施空间、个人计算机房、带有不同设计机械配置的研究室、一个 300 座的多功能报告厅、餐厅和图书馆，而公共设施空间全部设在 4 层高的入口门厅中，该巨大门厅以满立面落地玻璃面向街景，门厅内一角是贯穿 4 层高的楼梯。建筑师对材料和色彩的选择标准是鼓励创造性学术活动和一种非正统的自由气氛，内外立面的材料包括平钢板、波纹及穿孔金属板，素混凝土的预制板及现浇板块，以及多种形式的胶合板等。外立面的色彩组合来自海运码头上各种集装箱的组合状态。

该建筑的设计和建造过程总共只用了 14 个月时间，由此最大程度地保证了建筑师在设计理念上的连贯性和一致性，而建筑师在设计和建造中所强调的主要是来自当前新媒体制作的基本理念，即真实、无掩饰地表达，现场解决技术问题，不允许返工制作以及使用便宜的标准件建筑材料。

入口夜景

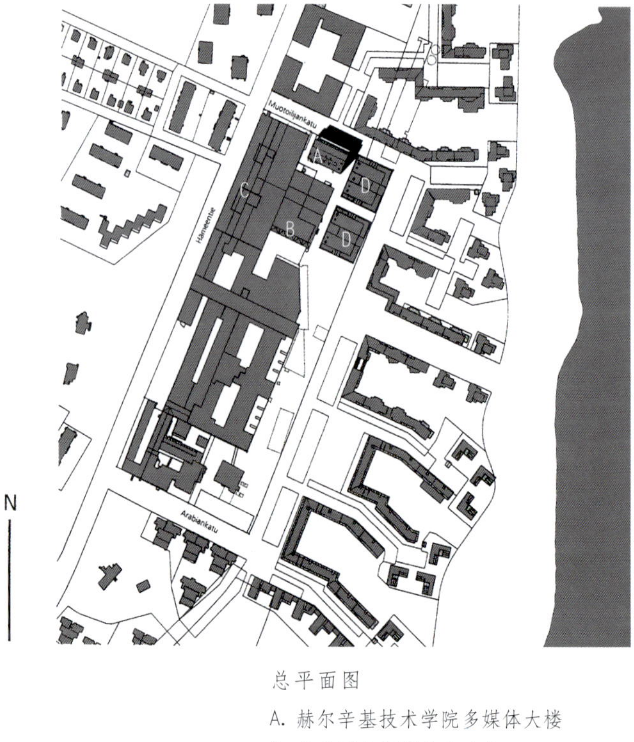


总平面图
A. 赫尔辛基技术学院多媒体大楼
B. 芬兰国家新媒体实验中心
C. 艺术与设计大学
D. 办公楼

侧立面外观

正立面外观

由入口楼梯看餐厅

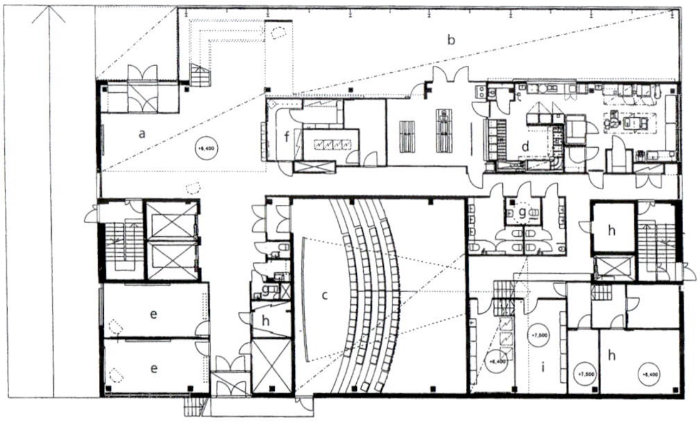


入口层平面图

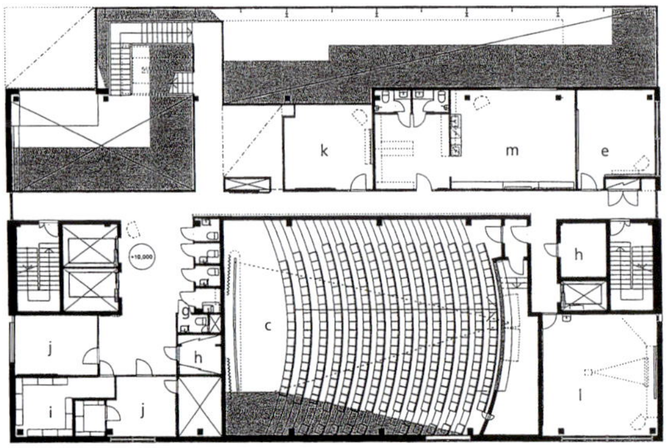


二层平面图

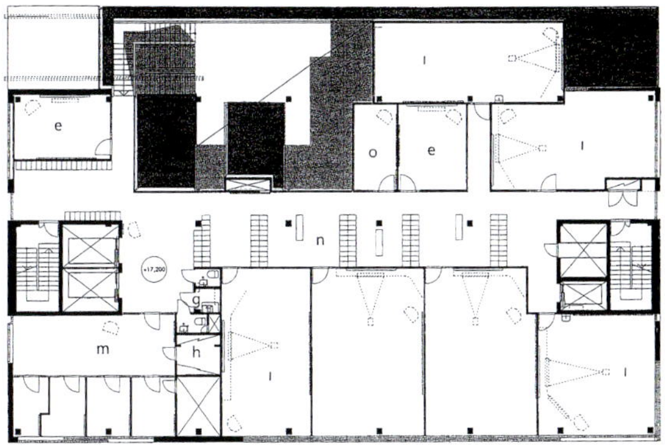


四层平面图

a. 大堂
b. 餐厅
c. 多功能报告厅
d. 厨房
e. 小活动室
f. 门卫
g. 卫生间
h. 技术设备室
i. 档案室
j. 办公室
k. 会议室
l. 教室
m. 教师休息室
n. 学生贮物柜
o. 学生会
p. 多功能工作室,舞美

背立面

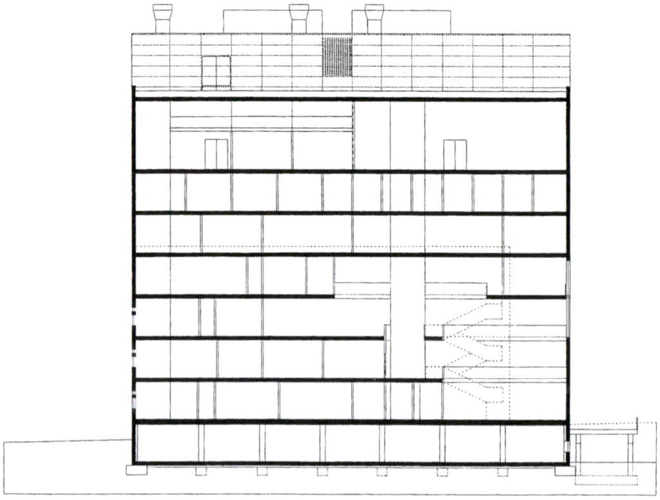

剖面图之一

正立面夜景之一

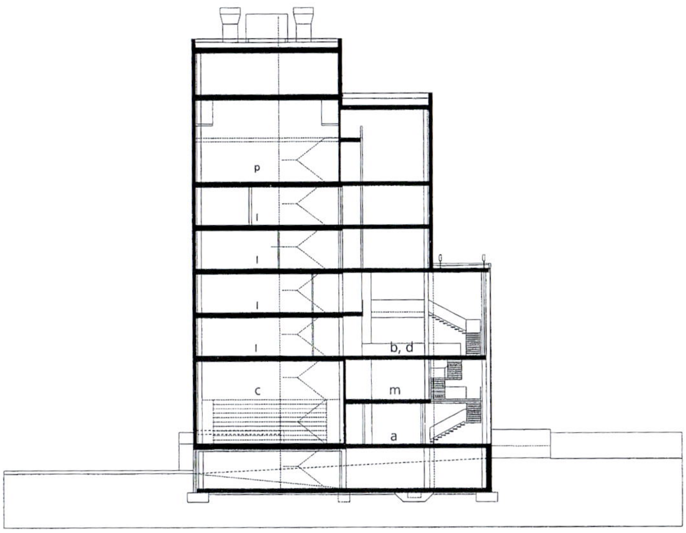


剖面图之二

共享大厅楼梯

共享大厅

正立面夜景之二

# 6 阿拉比亚中心　赫尔辛基
## Arabia Centre, Helsinki

**建筑师：托米拉建筑师事务所**

**Mauri Tommila, Yrjana Vuojala**

**完成日期:2002 年**

阿拉比亚最初是工业区，其建造始于 19 世纪 70 年代，它是赫尔辛基地区最大的建筑群体之一，在多年的社会发展及演变中，该区域的工业生产活动开始衰退，并开始向艺术及设计研究方向转化，20 世纪 80 年代初该区域主体建筑物成为赫尔辛基艺术设计大学的主体校舍。

该建筑改建项目源自 1998 年举办的一次阿拉比亚中心建筑设计竞赛中的中奖方案，其主题是为该区域创造一个多功能中心和向市民及游客开放的多功能空间，建筑师用采光玻璃长廊在纵横向贯穿整个建筑群，从主要交通入口通过一个采光玻璃坡道可以直达该中心的主要活动区域。主层面包括阿拉比亚工厂的展示厅商店、芬兰几家著名的设计商店、设计公司和餐厅，而采光玻璃内院则用作展览大厅，该主层面还包括最近刚投入使用的新的艺术与设计综合图书馆的媒体中心。从玻璃长廊亦可通向艺术设计大学和仍在设计中的新的设计博物馆建筑，其他层面则包括商业及办公设施。

该建筑中的采光玻璃长廊意欲成为阿拉比亚中心的标志和核心，它同艺术设计大学的巨型古老大楼一道已构成该区域的视觉和功能中心。

入口处的玻璃长廊

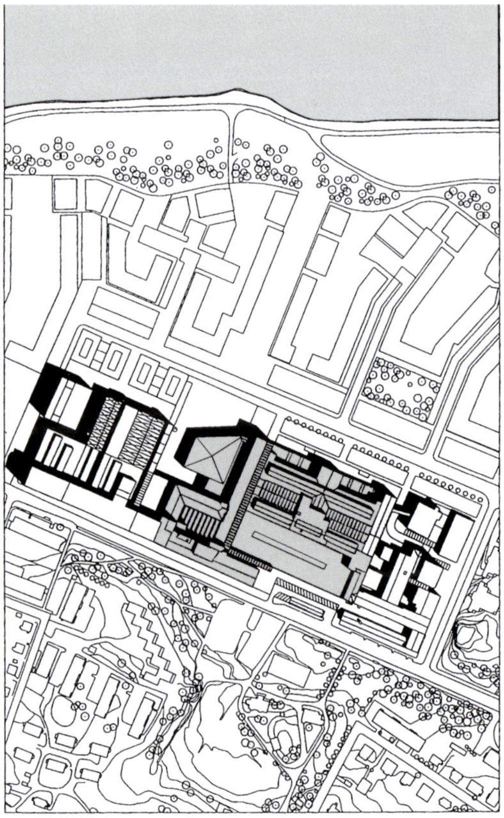


总平面图

阿拉比亚建筑群的入口

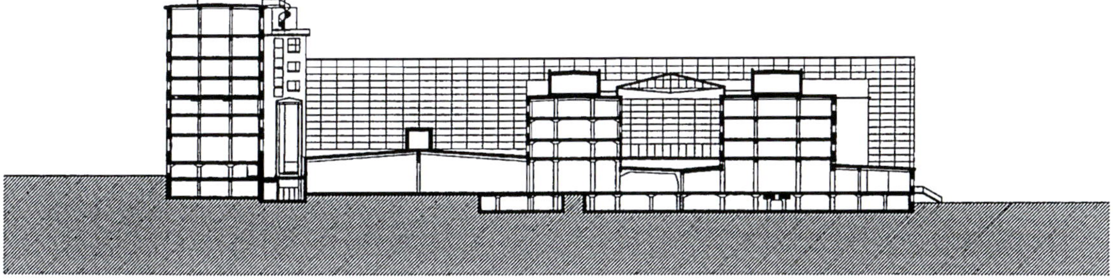

剖面图

中心长廊内景之一

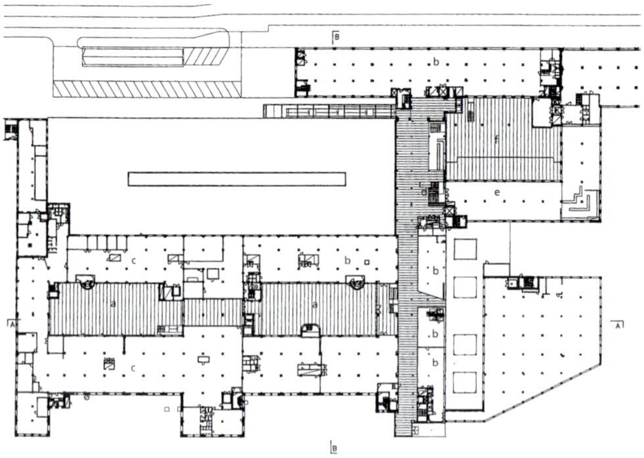

2~3层平面图

a. 展览内庭
b. 事务所
c. 生产空间
d. 咖啡厅
e. 餐厅
f. 图书馆
g. 办公室

中心展示大厅室内之一

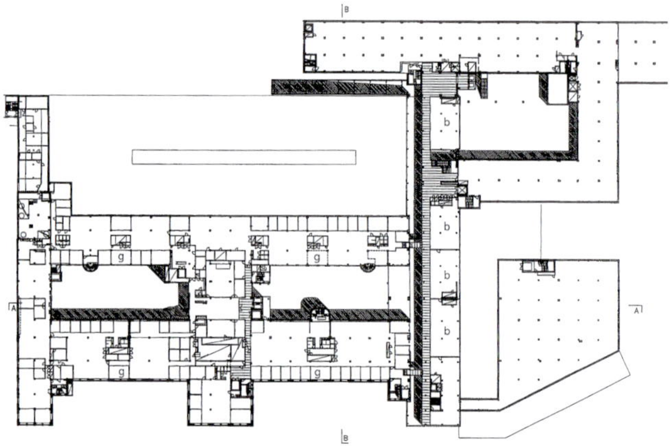

3~4层平面图

中心展示大厅室内之二

中心展示大厅入口处

中心长廊内景之二

# 7 奥伦库拉蒂综合学校　赫尔辛基市
## Aurinkolahti Comprehensive School, Helsinki

**建筑师：Raimo Teränne 设计公司和 Leena Yli-Loottinen 设计室**
**Timo Jeskanen, Tuomo Repo, Raimo Teränne, Leena Yli-Loottinen**
**完成日期:2002 年**

1998 年秋天，赫尔辛基市教育局和芬兰钢结构建筑协会联合举办了一次针对学校建筑的全国设计竞赛，目的是贯彻一种新的交互式教学体系，同时也倡导钢结构在学校建筑中的应用。

奥伦库拉蒂综合学校的设计就源自上述竞赛的优胜方案，其设计意图就是创造一种富于启发性的环境和建筑以提倡孩子中间的交互式学习，该设计按三至九年级共 540 名学生的标准安排设施及相应空间。在室内功能方面，一个 3 层高的中央大厅形成该学校建筑的心脏地带，该大厅四周主要围以玻璃墙，作为一种多功能的视觉和交流中心空间。该中心大厅四周则是两层高的、钢构架组成的教学单元组团，每个组团都配有自己的色彩体系，表明在学校大团体中的各个小单元。

在每一个组团中，教室都环绕一个前厅布置，而特殊课程则一般都设置在中央部分的第二层，作为一种开放的类似于工作室的空间。整个建筑物的框架结构，建筑 2 层屋顶和学校的标志性瞭望塔都是钢结构。

次入口立面

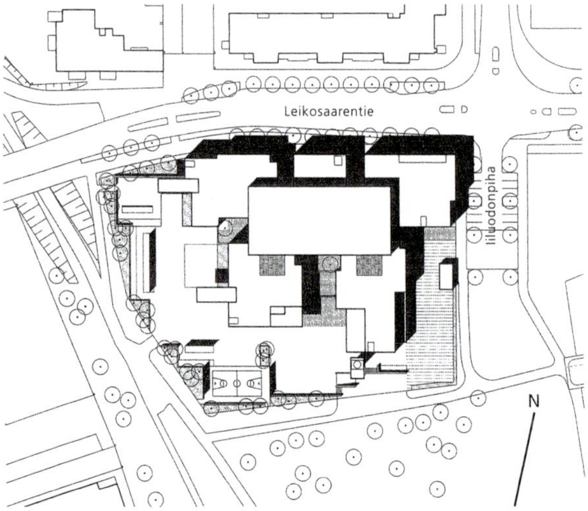


总平面图

学校入口景观

教学组团建筑群外观

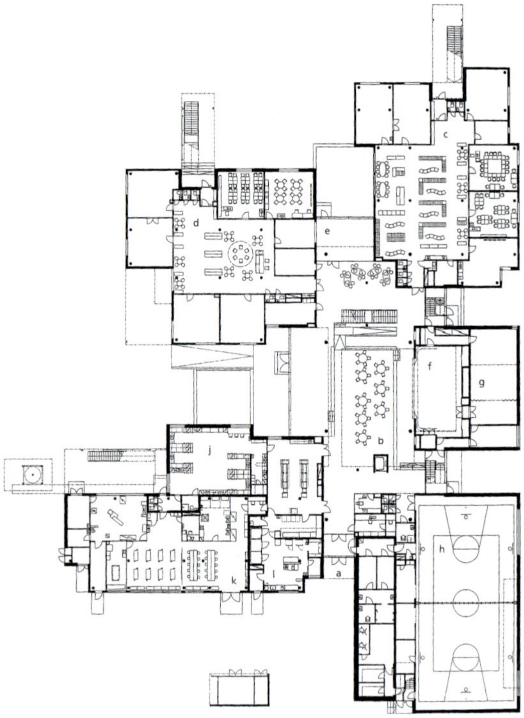

首层平面图

| | | |
|---|---|---|
| a. 学校主入口 | i. 厨房 | q. 空调机房 |
| b. 中央大厅餐厅 | j. 家政教室 | r. 纺织室 |
| c. 标准教室单元 | k. 技术工艺室 | s. 艺术教室 |
| d. 活动教室单元 | l. 管理 | t. 物理化学实验室 |
| e. 图书馆 | m. 信息技术 | u. 生物教室 |
| f. 艺术教室及舞台 | n. 教职员活动室 | v. 屋顶花园 |
| g. 音乐教室 | o. 学生活动室 | |
| h. 体育馆 | p. 多功能空间 | |

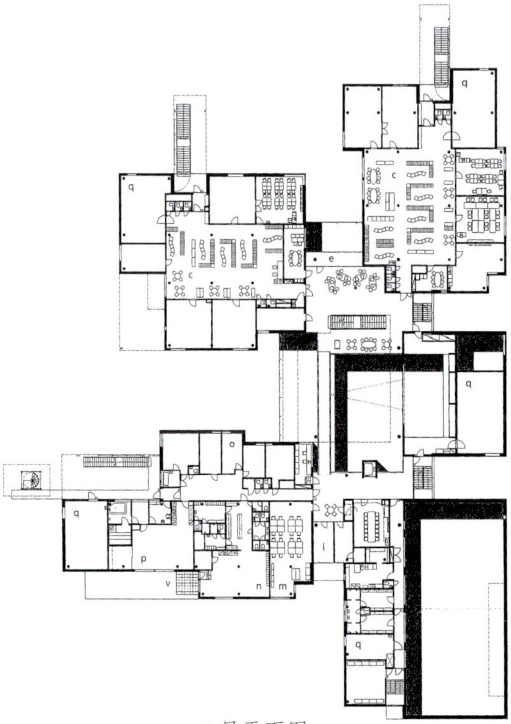

二层平面图

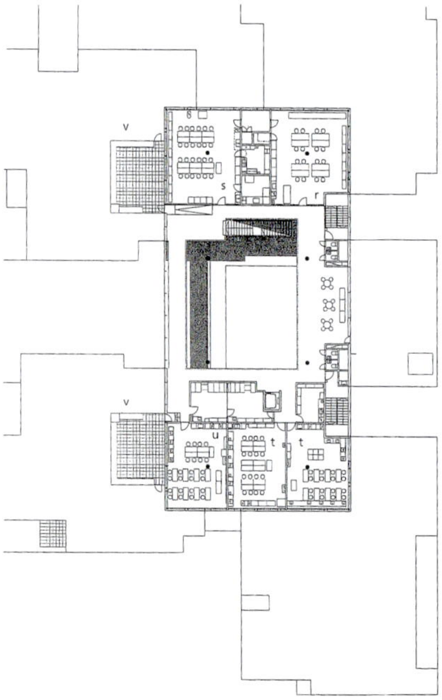

三层平面图

室内主楼梯一角

共享大厅

组团外部景观之一

共享大厅三层走廊

剖立面之一

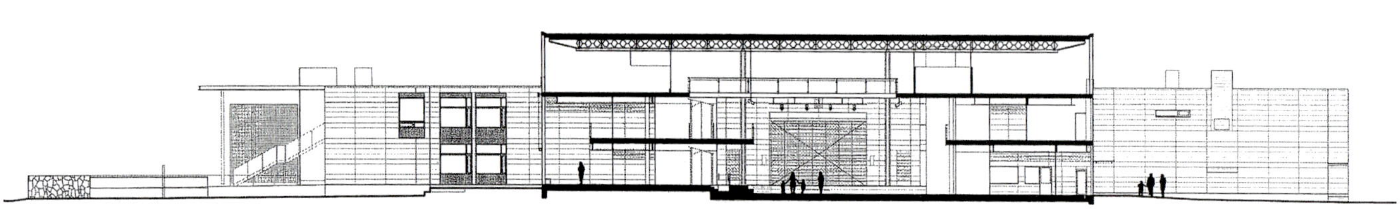
剖立面之二

组团外部景观之二

东面次入口

主入口广场一角

# 8 奥伦贡比库学校及日托中心 赫尔辛基

## Auringonpilkku School and Day-care Centre, Helsinki

**建筑师：Kaarina Löfström 建筑师事务所**

**Kaarina Löfström, Mika Suominen**

**完成日期:2002 年**

该学校及日托中心建筑的四周是主要道路、公园及一座建于 1920 年的小别墅，现状基地还包括一批需保留的树种及一组园林构筑物，此外在基地四周稍远处则是多层公寓。

按城市规划的意图，该建筑力图在该地区创造一个活动中心，因此其内部设施提供下午及傍晚的活动项目，并设有沿街的饮食部和大厅空间。当沿街立面主要以墙体形式出现时，内院立面则柔和许多，并显得更接近自然，尺度上也缩小一些。该建筑与海边的亲近关系也同时表现在空间安排和材料的选择上。

在设计理念上，其主要目标是学校与日托中心设施的交互使用，从而使不同年龄段的孩子们彼此交往得更自然，学校在日常运作中用因特网来促进传统的教学方法，该学校所安装的硬件系统已超出规定的标准。另外，该建筑中放置的操作车间和小团体活动设施构成该中心的一个特色，是孩子们受教育的基本环境，建筑师对这类空间环境的设计充分考虑儿童的习性特点，即使是传统意义上的长方形教室也被转化为一种包括各类趣味角落和缝隙的空间。

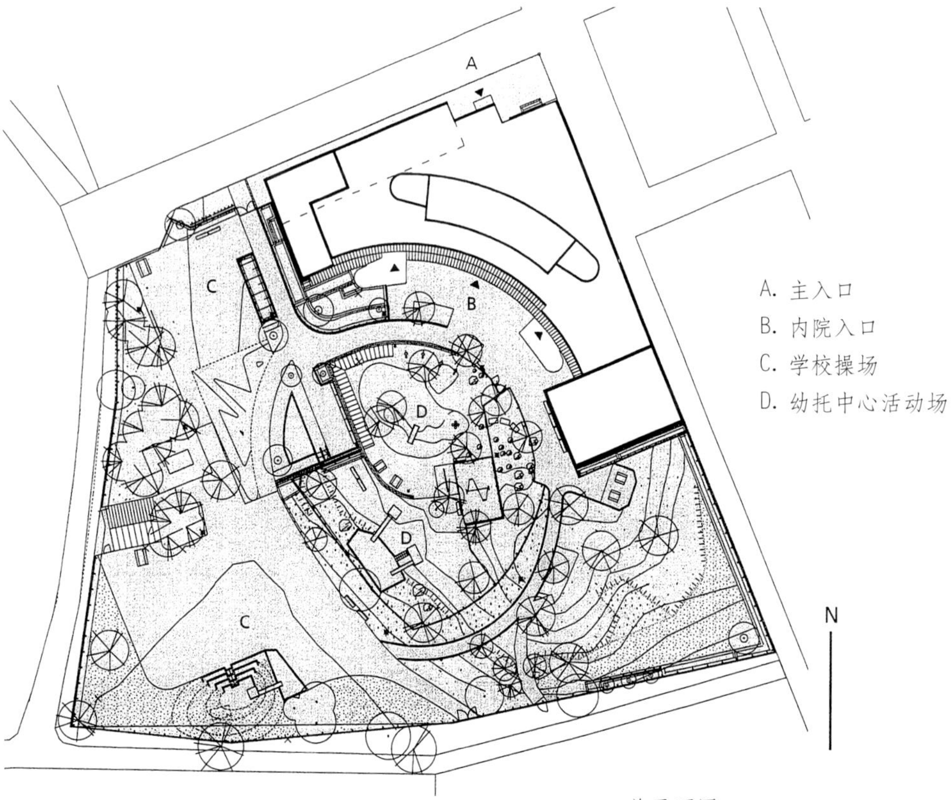


总平面图

沿街外立面之一

内院入口景观

沿街入口景观

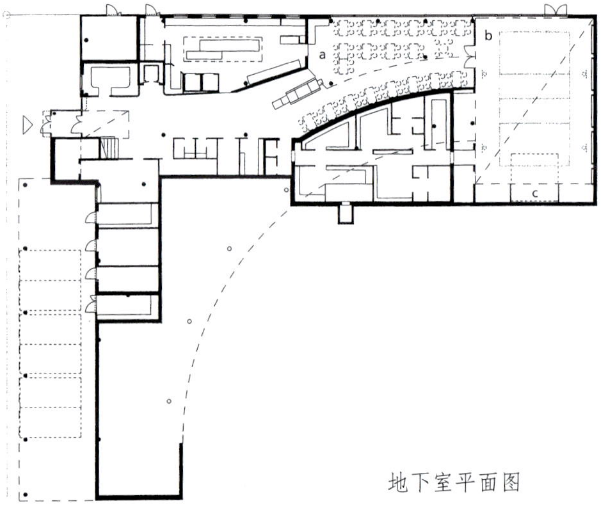


地下室平面图

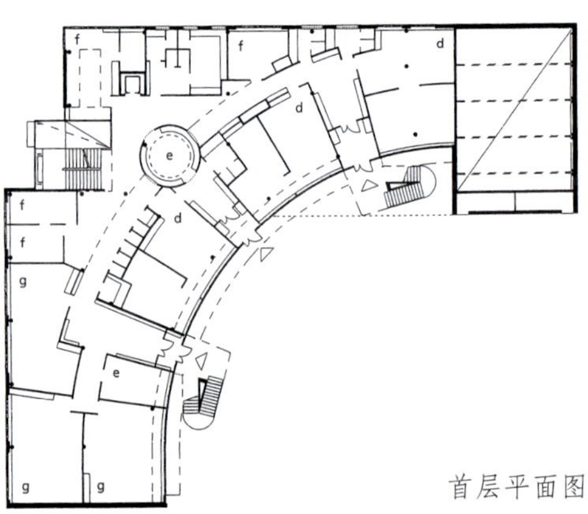


首层平面图

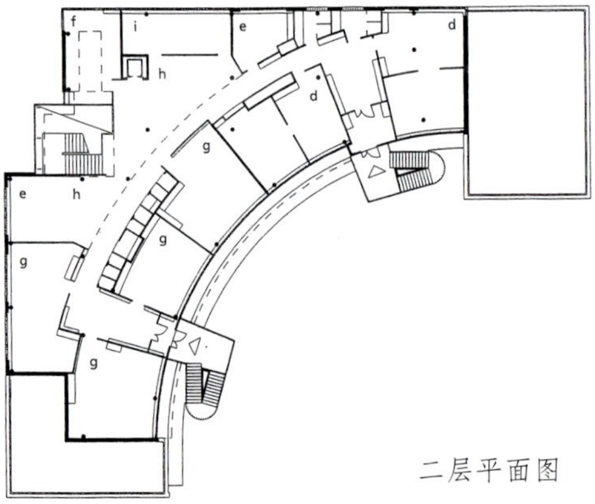


二层平面图

a. 餐厅
b. 大厅
c. 舞台
d. 幼托活动室
e. 特别教育室
f. 办公室
g. 教室
h. 图书馆
i. 计算机房

主楼梯内景之一

内院景观之一

内院景观之二

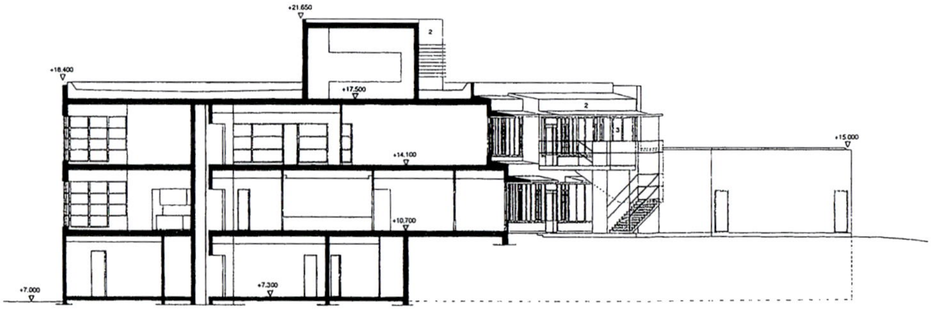


剖面图

主楼梯内景之二

# 9 尼拉兰·库尔玛居住小区住宅　库比奥市
## Niiralan Kulma Housing Company, Kuopio

**建筑师：Jarmo Pulkkinen 建筑师事务所**
**Jarmo Pulkkinen，Karla Sivula**
**完成日期：2002 年**

该住宅小区由 10 座半独立式住宅和 3 座公寓组成，建筑的不同类型则通过不同的建造手法和对立面的色彩选择进行强调。半独立式住宅都是 2 层，而公寓则有局部 3 层高度，小区的公共设施则位于公寓住宅的底层。

这批住宅总体而言是用传统方式建造的，底层及中间楼板和隔墙都是现浇混凝土结构，而屋顶及外墙则用木结构，立面用事先处理过的外墙胶合板贴面，并用木焦油进行表面再处理，屋顶则全部由沥青油覆面，通体的玻璃墙系统则用于所有的温室外墙。

建筑师在该设计项目中力图在不同的住宅类型中发展温室这种主题的功能，温室同时也作为通向公寓的入口大厅，并且与厨房餐厅有直接联系。半独立式住宅的主体空间是厨房餐厅区域的 2 倍高度，尽管房间内的净面积相对少了一些，建筑师却用简明纯净的设计手法在视觉上创造出一种宽敞和舒适的气氛。这批住宅还包括两种室外生活空间，其特征各异，一种是入口处的半公共平台，另一种是上层的与桑拿房相连的阳台。设计中的车库则随后由住户自行决定如何建造。

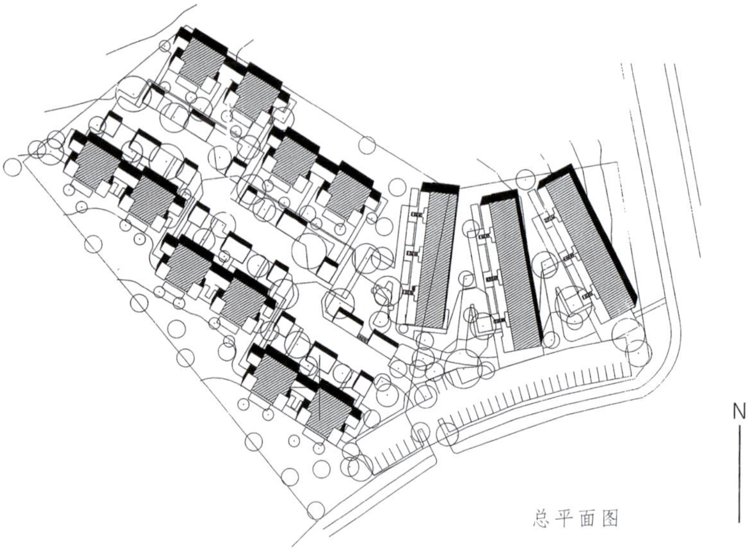


总平面图

公寓外观之一

半独立式住宅入口景观

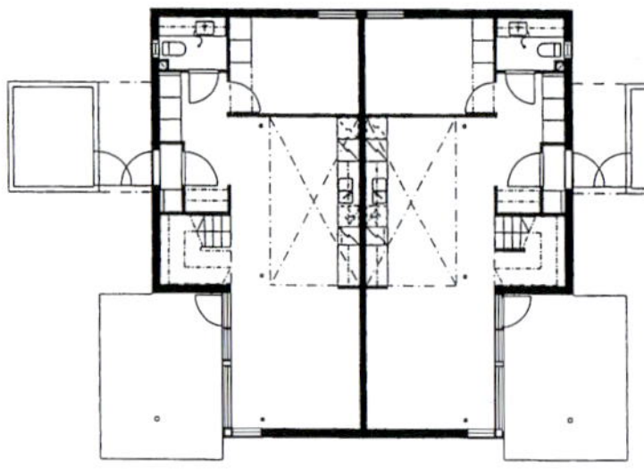

半独立式住宅首层平面图

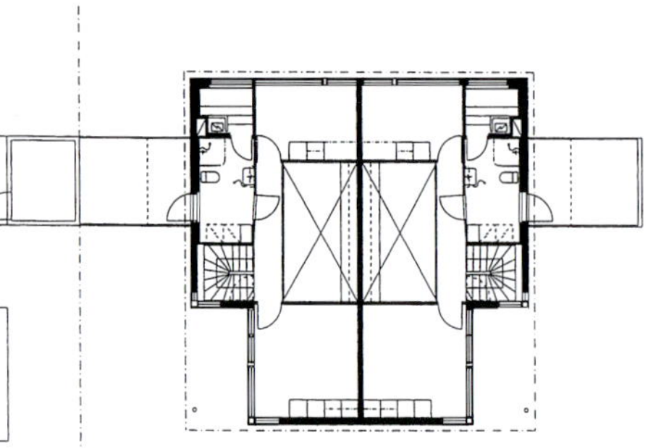

半独立式住宅二层平面图

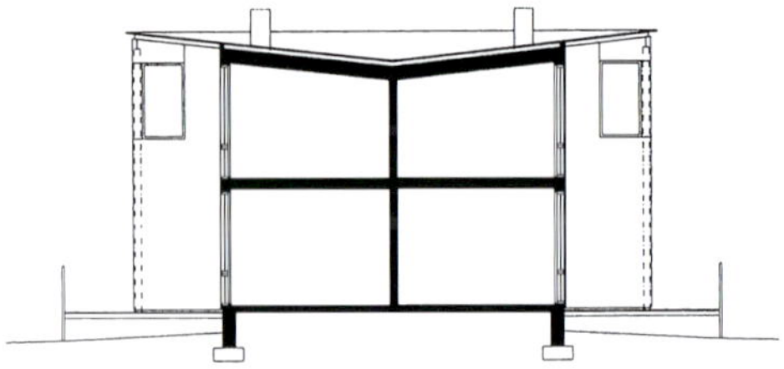

半独立式住宅剖面图之一

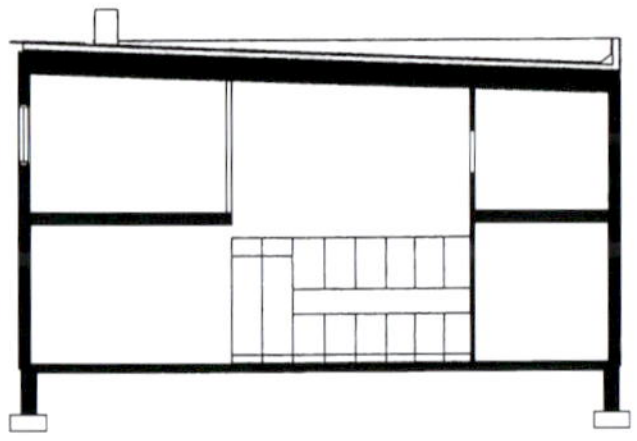

半独立式住宅剖面图之二

内院景观之一

公寓外观之二

半独立式住宅北面外观

内院景观之二

半独立式住宅外观

公寓入口立面局部

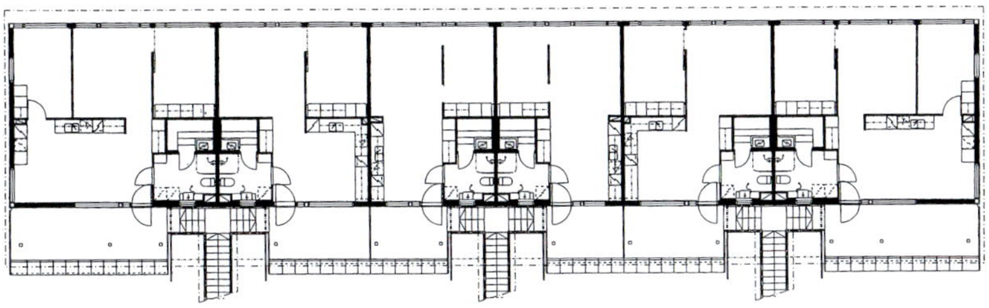

公寓二层平面图

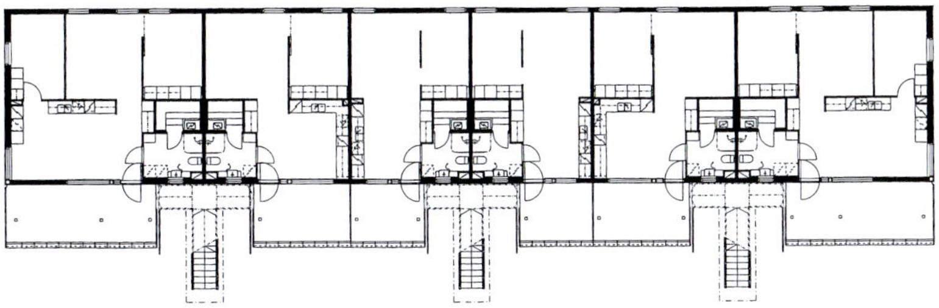

公寓首层平面图

由室内平台看内院

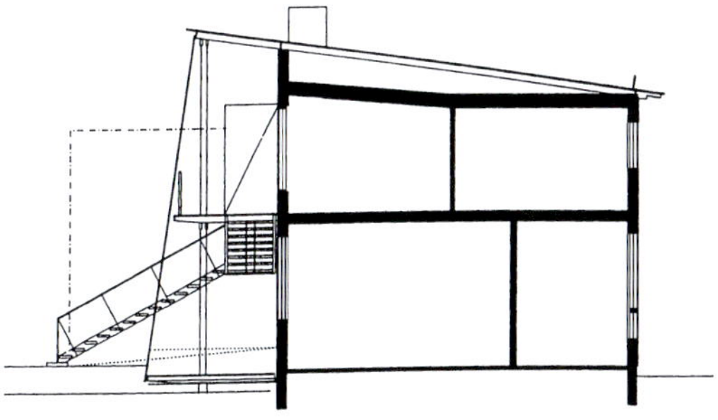

公寓单元剖面图

# 10 库索教堂及教区中心改扩建工程　万达市
## Korso Church and Parish Center, Alteration and Addition, Vantaa

**建筑师：Jari Frondelius-Jaakko Keppo 建筑师事务所**
**完成日期:2002 年**

现有的库索教堂及旁边的商业建筑是 1962 年由奥利·库西（Olli Kuusi）设计的，随着社会发展的需要，该地区需扩大现有教区中心的规模，增加新的墓地和新的教区办公区域，1998 年万达市教区委员会组织了全国建筑设计竞赛，已完成的扩建工程即源自当时竞赛的中奖方案。

原有教堂的外观被基本保留下来，但对室内布局进行了调整，主要祭坛被移至最靠近新墓地的墙体前，而家具的设计则以使用的方便及布置的多功能为原则。扩建部分是两层高的体量，并以“切入”的方式与现有建筑融合，新建筑的简洁无装饰的特点与原教堂的庄重的外观形成对比。建筑材料都是最普通的，扩建部分的外墙主要是承重的建筑砌块墙，而主体立面的材料则是外表刷磨过的混凝土砌块。

建筑师在设计时力图使新老建筑和谐相处，在增建的教区中心和原有教堂之间是非常敞亮的连廊大厅，而新教区中心的主体大厅、小教堂及多功能入口大厅都与教堂内院有明确而直接的视觉关系，从主入口大厅亦可直接进入办公区和儿童俱乐部，教职人员办公室及青年活动中心则安排在另一组建筑中，而新增建的圣器收藏室则处于主体入口和墓地之间。整个设计朴实而大气，非常符合功能需要。

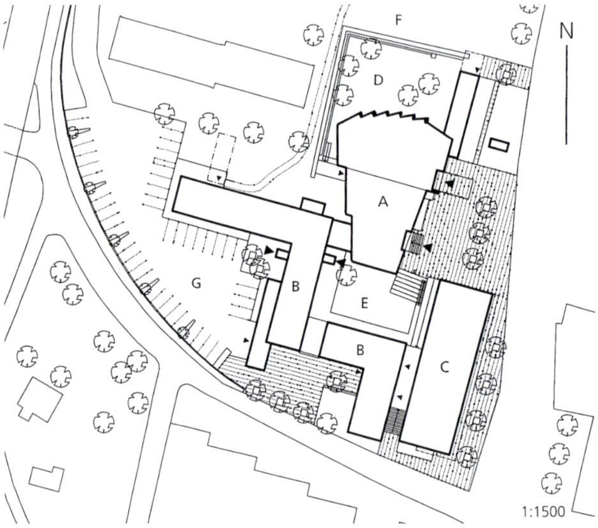


总平面图
A. 教堂
B. 扩建部分
C. 办公建筑
D. 墓地
E. 内院
F. 游乐场
G. 停车场

新教区中心入口外观

教堂及钟塔外观

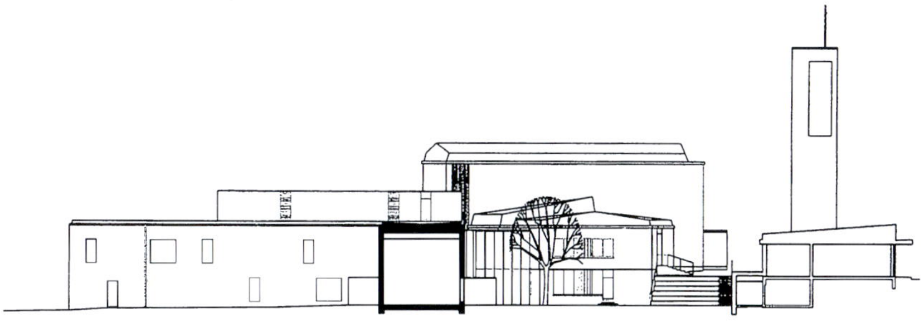

剖立面之一

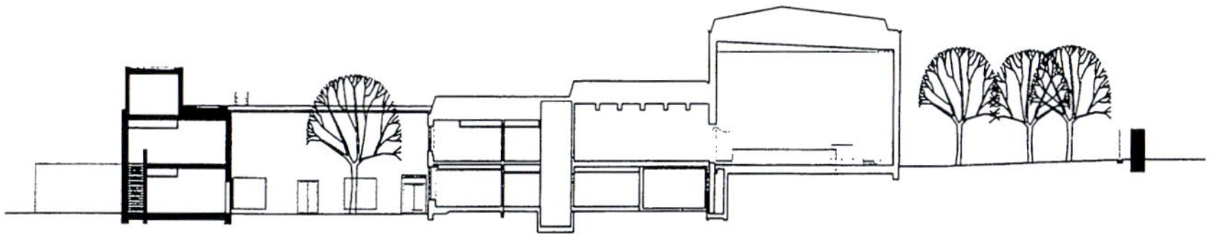

剖立面之二

新教堂室内

内院入口景观

活动大厅入口

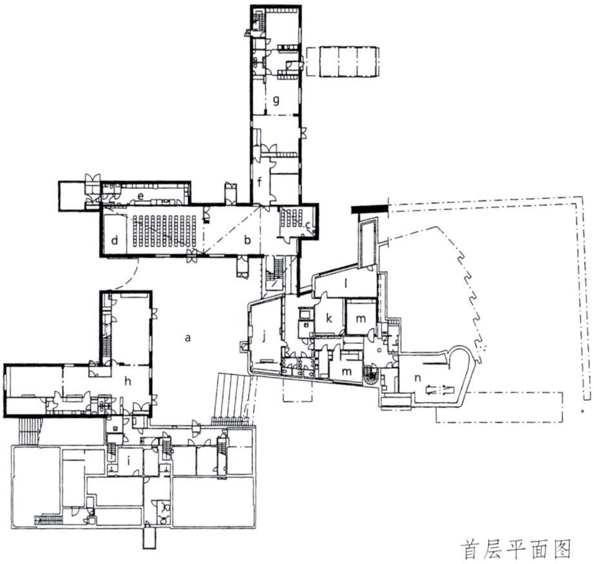


首层平面图

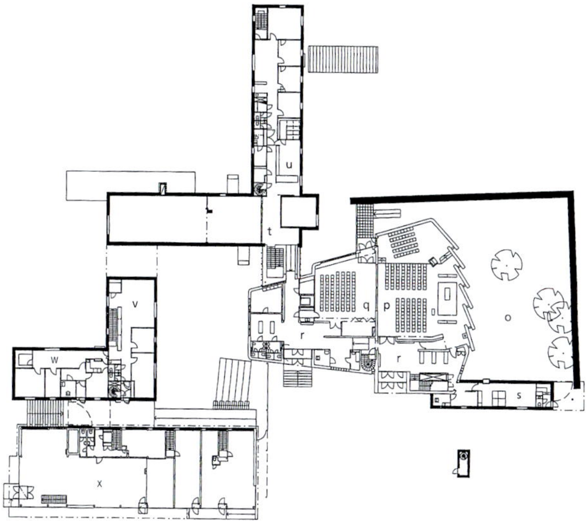


二层平面图

a. 内院
b. 多功能入口大厅
c. 小礼拜堂
d. 教区中心活动大厅
e. 厨房
f. 儿童活动室
g. 儿童俱乐部
h. 青年俱乐部
i. 贮藏室 / 人防空间
j. 会议室
k. 图书馆
l. 神职人员及成人活动室
m. 音乐室
n. 空调机房
o. 墓地
p. 教堂大厅
q. 老教区中心大厅
r. 入口大厅
s. 圣物室
t. 多功能大厅阳台
u. 教堂注册办公室
v. 青年活动室
w. 教会执事办公室
x. 办公空间

新教区中心内院

新教区中心大厅室内

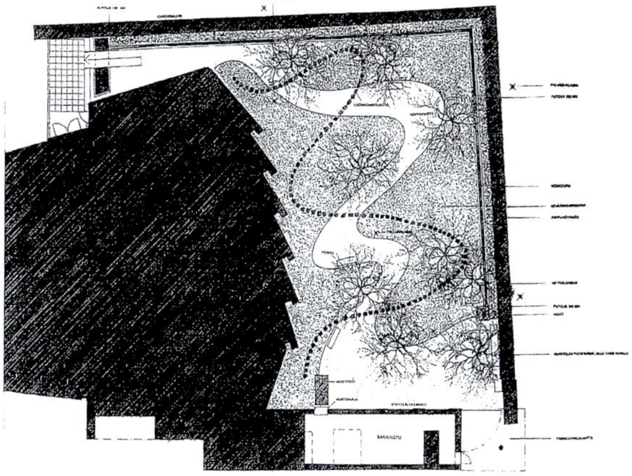

墓地平面图

主楼梯

墓地水景

墓地一隅

# 11 诺基亚公司总部扩建工程　艾斯堡市

## Extension of Nokia House, Espoo

**建筑师：Pekka Helin 建筑师事务所**
**完成日期:2002 年**

20 世纪 90 年代中期的艾斯堡规划只包括诺基亚公司总部、奈斯特石油公司总部以及邻近海边的游船停泊港及停车场。随着社会的发展，市政当局不得不进行新的规划，意欲使该海滨区成为艾斯堡市重要的商业区，于是又有陆续建成的通力电梯公司总部塔楼、无线电台办公楼及诺基亚总部扩建工程。

随着诺基亚在全球范围内的迅猛发展，总部大楼必须扩建，至少增加 16 500m² 的使用面积，为大约 700 名职员提供办公场所。在建筑师建议的三种方案中，公司董事局最终选用由一个高的曲线体量和一个低层方形建筑组合而成的设计方案，其中两个主体建筑之间的半圆柱形中庭用于餐厅、会议及庆典仪式，而在底层环绕中庭则安排入口大堂、健康服务中心、贵宾休息厅及展示空间、多功能报告厅、会议室及厨房，二层公共部分则安排会议室和临时性办公区域，三层及以上各层则是诺基亚公司的常规办公室，其空间设计力求达到最大的可调节性和适用性。

扩建部分外立面夜景

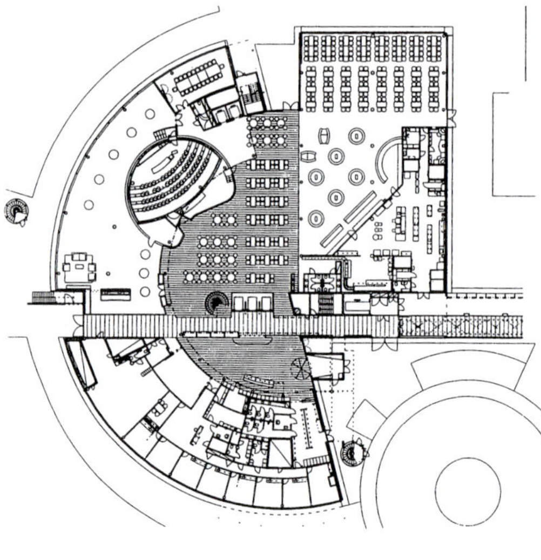

首层平面图

诺基亚公司总部新老建筑群外观

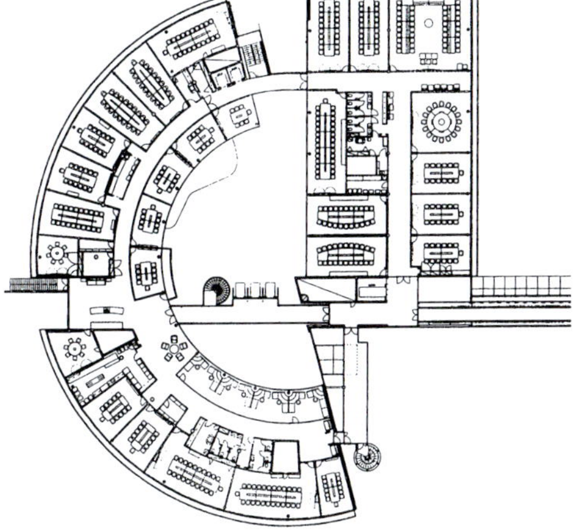

二层平面图

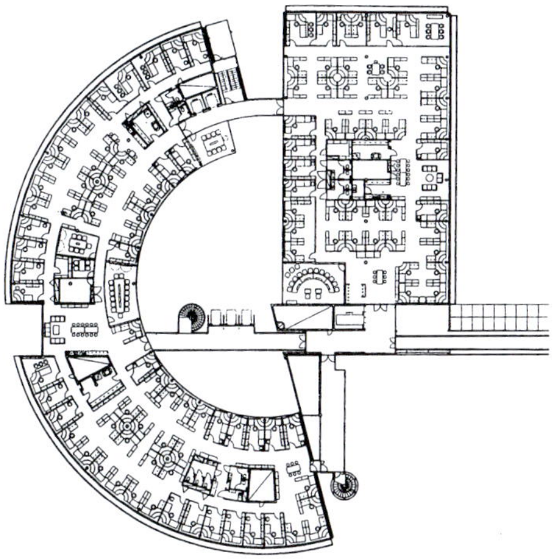

三层平面图

扩建部分入口外观

共享大厅玻璃天棚

诺基亚高层管理机构对扩建工程有明确规定：扩建部分与已有建筑完全一致，尽管形状不一样，但扩建工程只能是原有建筑的延伸，因此选用建筑材料的原则与原有建筑基本一致：混凝土结构框架，外覆钢架加双层玻璃幕墙系统，暖色木板材在地板、天花板及室内墙面上的广泛应用，以及素混凝土墙面上的抹刀装饰效果。半圆柱形中庭的屋顶最终设计成截角锥形式，这在结构设计及空间设计上都是最具革命性的，但具体制作却需极大工作量，不论绘图阶段还是施工阶段都是如此。节省能源和经久耐用是建筑师在设计中考虑的重点，如同在已建成的公司总部建筑中一样，完成于 1995 年的双层玻璃幕墙是北欧国家建成的首例同类外墙，通过内外墙之间的电控通风系统及百叶装饰使整个建筑节能非常显著。这种处理手法是当时最先进的，也同样是目前最受欢迎的节能设计方式，但必须由建筑师和业主的通力合作作保证，在该扩建工程的外墙设计中，因为在原建筑设计中已积累大量经验，新建筑的外墙效果更好，功能也更完善。

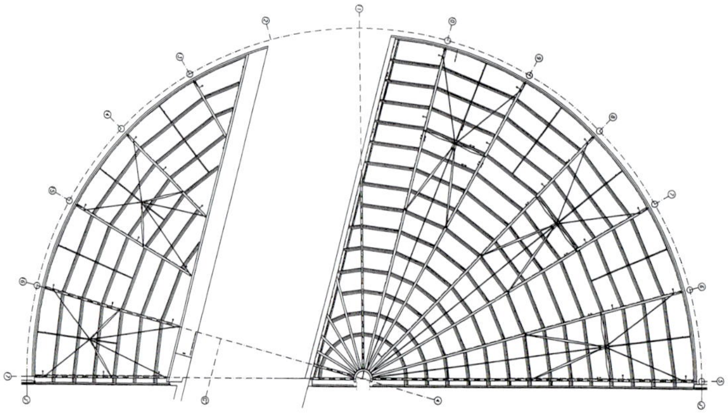

共享空间玻璃顶构造大样

共享大厅内景

小报告厅室内

标准层办公区公共交流空间

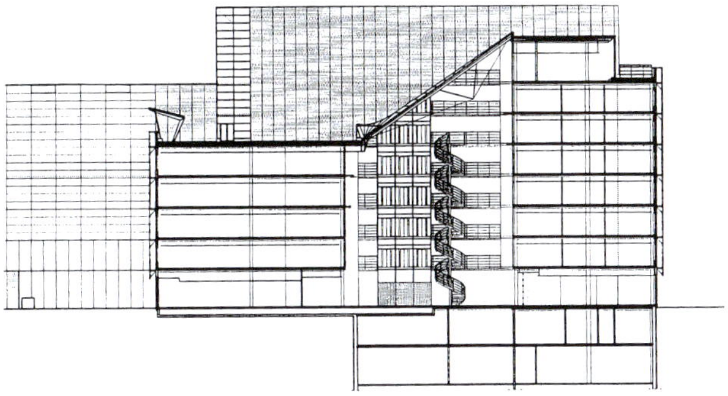

剖面图之一

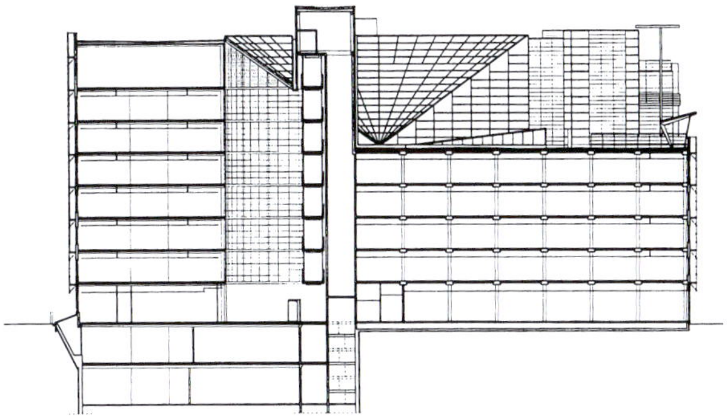

剖面图之二

扩建部分外立面

# 12 芬兰高科技发展中心　赫尔辛基市
## HTC Building, Helsinki

**建筑师: Kai Wartiainen 建筑师事务所,Evata 设计公司**
**完成日期:2002 年**

芬兰高科技发展中心是为总部设在赫尔辛基的通讯公司和新媒体公司建造的,其基本布局已在城市规划中作出规定,其中最主要的一点是建筑各体量之间应有开敞空间面向大海。因此,建筑师通过对材料的充分表现来表达建筑中每个体量的特征,从而避免了同类建筑体量之间的雷同。对每个体量的立面处理手法是相同的,但对材料色彩和肌理的不同处理赋予每个单独体量以不同的特质。

该建筑位于海边,拥有充足的自然采光, 同时也有大量的反射光,建筑各体量内外的视觉效果会随着海面反射及建筑各体量间的相互反射、折射产生无穷止的变化。建筑的外承重结构和室外疏散楼梯的设计大胆而强烈,意在表达对基地历史的一种回忆。该基地长期以来属于赫尔辛基的码头区,按城市规划,这类码头设施将最终移开,而后将这片海滨区域转化为居住和现代工作区域。建筑师对建筑的体量组合灵活多样,最上边的两层结构部分悬挑出来,使建筑整体的庞大体量的沉重感得以减轻,同时也为整个建筑带来活力。

建筑师在设计中将使用的高度方便和可调节以及高技术标准作为最重要的目标,每层办公区域既可为单一的公司服务,亦可在几个不同小公司间划分使用,无论开敞空间和单独房间都可按客户的各自需求进行调整。此外在双档式窗台系统的前面有一系列附加的气候调节玻璃幕墙,它们可以允许最大量的自然光从上面窗档进入室内,同时下层窗档可随意开关并同样提供自由的视野。

Vega 公司入口大厅室内

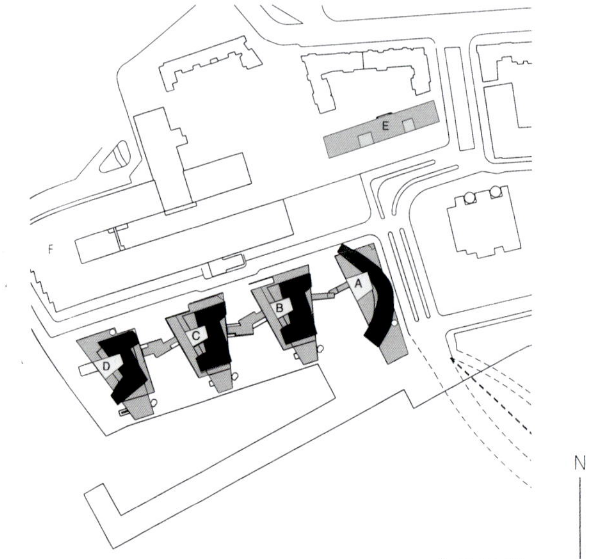


总平面图
A. Vega 公司
B. 圣玛丽亚楼
C. Pinta 公司
D. Nina 公司
E. Kon-Tiki 公司
F. 电缆厂

Nina公司沿海立面入口景观

建筑群外观

a. 走廊　　e. 厨房　　i. 研究室　　m. 桑拿室
b. 前厅　　f. 办公室　　j. 台阶　　n. 空调机房
c. 业务洽谈室　　g. 会议室　　k. 公共活动设备
d. 餐厅　　h. 多功能厅　　l. 活动室

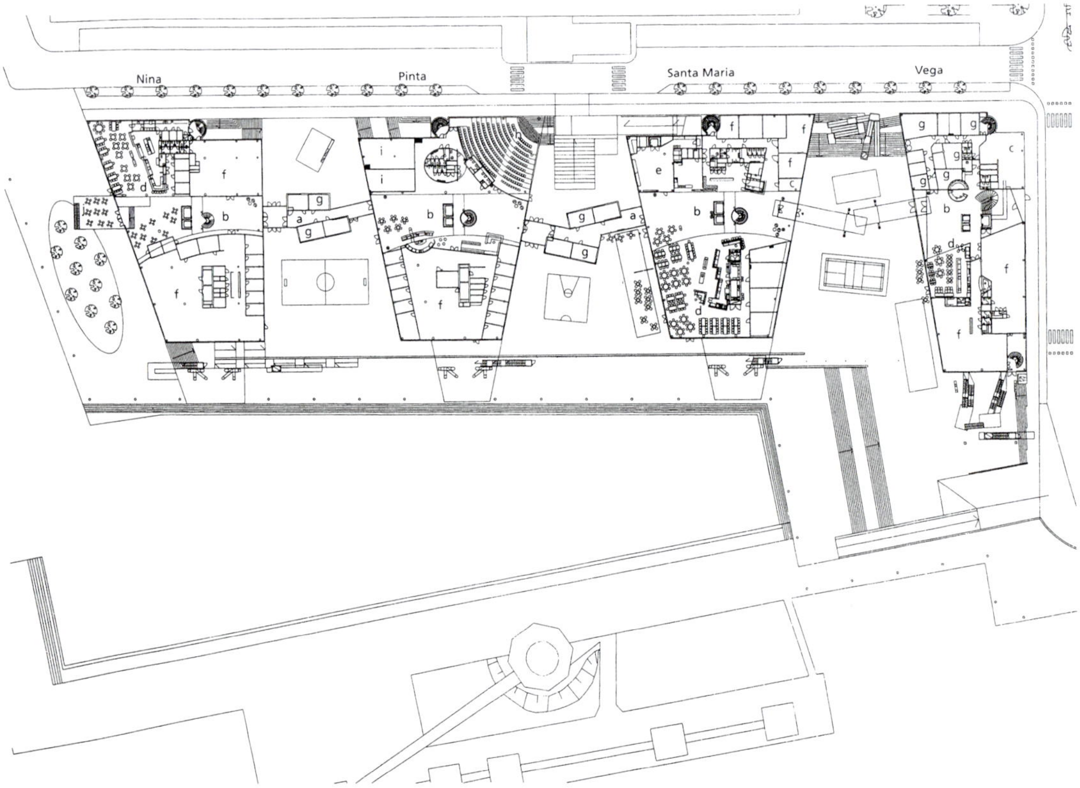


首层平面图

圣玛丽亚楼入口大厅室内

多功能报告厅室内

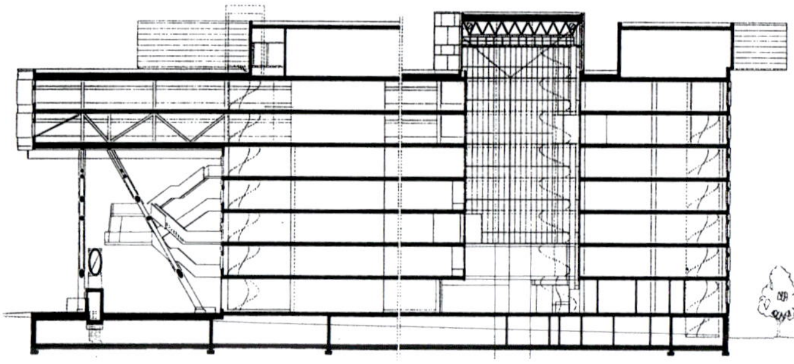

剖面图

Pinta 公司办公区休息空间

建筑群内部景观

高科技发展中心建筑群沿海立面夜景

# 13 芬兰驻瑞典大使馆　斯德哥尔摩市　瑞典

## The Finnish Embassy, Stockholm, Sweden

**建筑师：Gullichsen Kairamo 建筑师事务所**
**Kristian Gullichsen, Jyri Haukkavaara**
**完成日期:2002 年**

对新的芬兰驻瑞典大使馆的基地选择始于 1993 年，建筑设计及施工图则于 1996 年全部完成，然而规划实施过程却是漫长而艰难的，并因长达五年的请求及讨论过程而被延迟建筑，新的使馆建筑最终于 2002 年完成。

该建筑外观上最重要的特征是沿街的长墙立面，它将使建筑隐藏在内院范围内，使馆建筑除主体办公楼外，还包括一个铺地内庭院、分开的住宅楼及其独立花园。主体办公楼则通过内院花园向邻近的公园敞开。使馆建筑是一种独特的办公楼，因为它必须带有一种象征功能，它应该在以一种外交方式代表一个国家的同时，又能够融入所在基地的文化景观中。建筑师对该使馆设计的理解非常独特，他并非如常人想象的那样将建筑设计成一种高科技文化的缩影，而是试图在芬兰和瑞典这两个北欧国家之间寻求一种记忆中的联系层面，因此在设计中更多地以时间轴线作为准绳，使建筑形式带有更多隐喻的因素。

尽管该建筑已非常自然地融入当地文化的氛围，建筑师仍然自然而然地将自己最喜爱和最习惯的主题带入设计中，如极少主义的处理手法以及建筑师常用的条窗及栅栏外立面元素等。

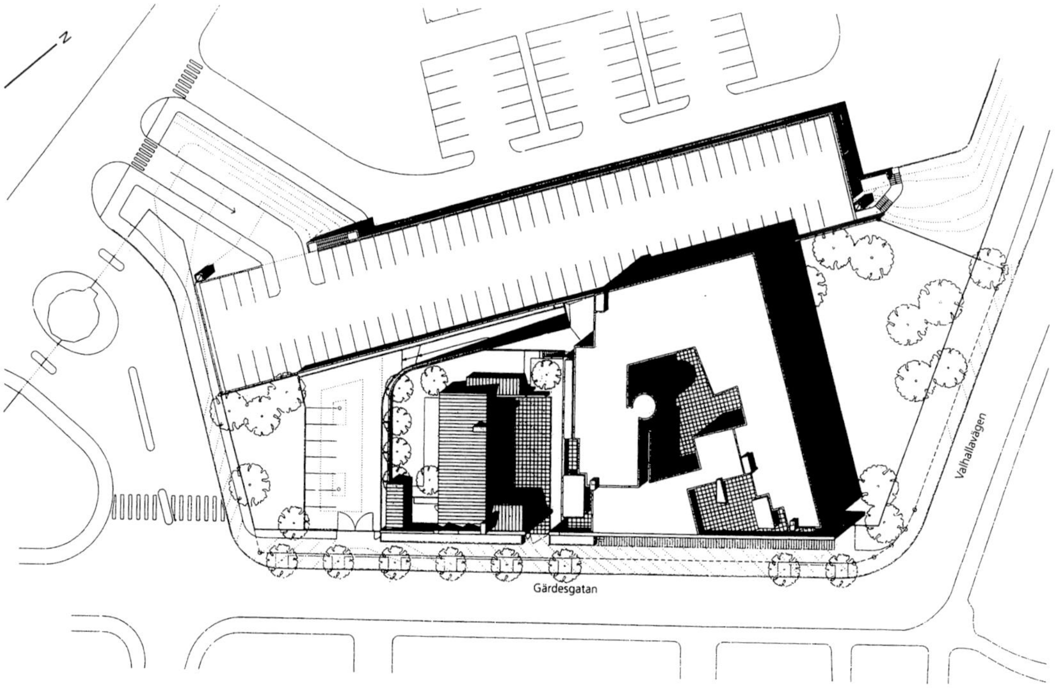


总平面图

内院景观之一

洽谈室一角

休息接待室

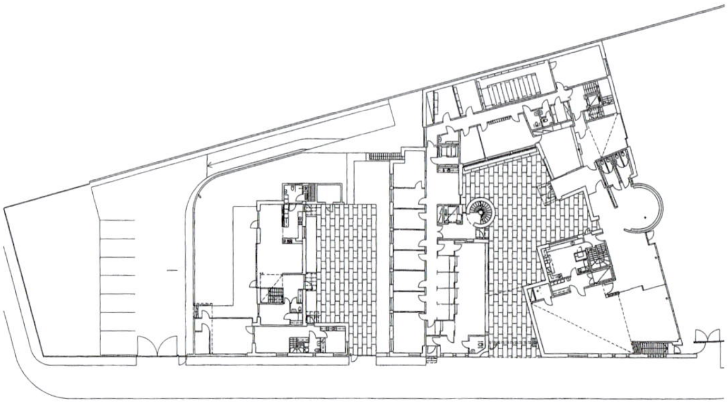

首层平面图

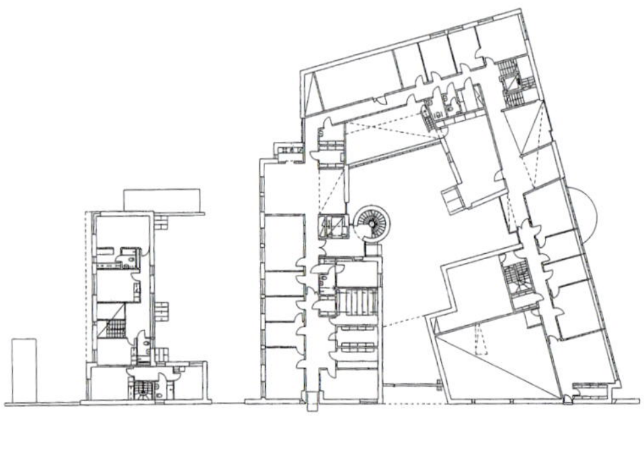

二层平面图

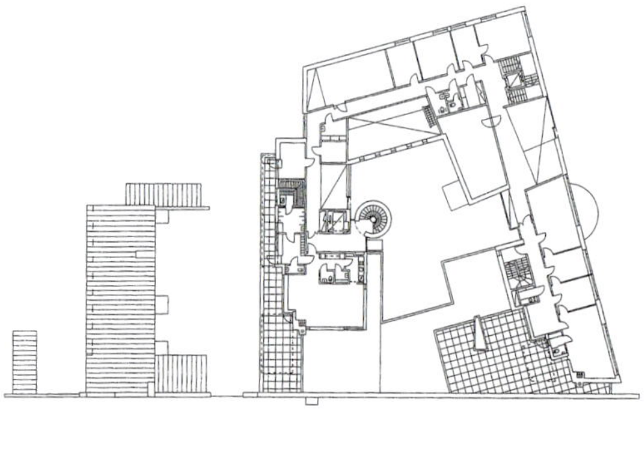

三层平面图

报告厅室内

屋顶平台

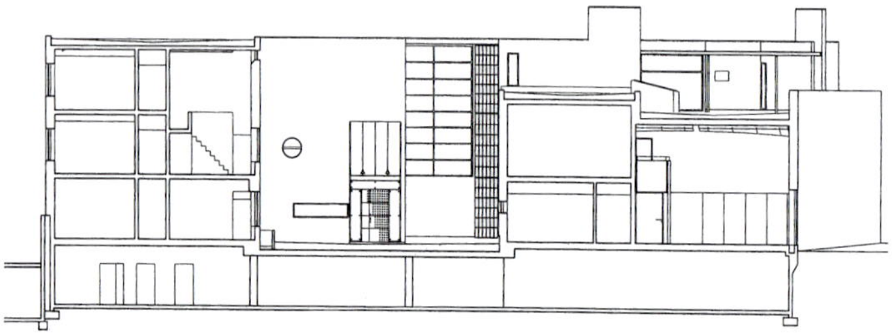

剖面图之一

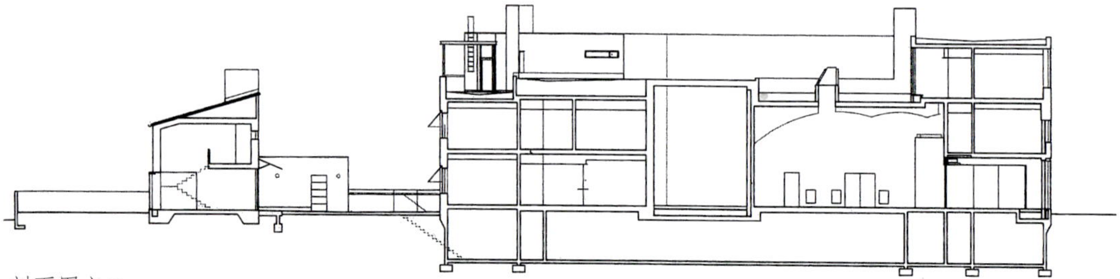

剖面图之二

使馆沿街立面

内院景观之二

辅助入口

# 14 特里托尼科学图书馆　瓦沙市

## The Tritonia Science Library, Vaasa

**建筑师：Käpy and Simo Paavilainen 建筑师事务所**
**完成日期:2001 年**

特里托尼图书馆是以下三个大学的共用图书馆和教研中心：瓦沙大学、阿希学院的东波西尼亚分校和瑞典经济管理学院的瓦沙分校。该建筑位于瓦沙大学校园的中心位置，两边分别是完成于 1994 年的大学主体建筑和 19 世纪末 20 世纪初建成的前瓦沙棉纺厂建筑群。该图书馆的平面格局和造型语言基本上遵循 1985 年校园设计竞赛中奖方案中所设定的原则。

该图书馆位于海边的布局强烈地影响着具体的设计手法，建筑物面临大海的方向用四层高的玻璃幕墙产生宽阔的海景视野，建筑每一层阅览室和工作室区域都向幕墙相对方向层层后退，形成充满活力的室内空间。海景作为设计中的主体借景元素，成为阅览大厅的潜在内涵，图书馆中的不同部门设计在类似于阳台的空间，并且都拥有海景这一主体元素。室内阅览大厅的通体大空间能令参观者肃然起敬，同时也使图书馆内部的活动显得高贵。环绕阅读大厅和书库空间的是一系列研讨室和办公室，而五层的塔楼部分则是专业研究室。

主入口远景

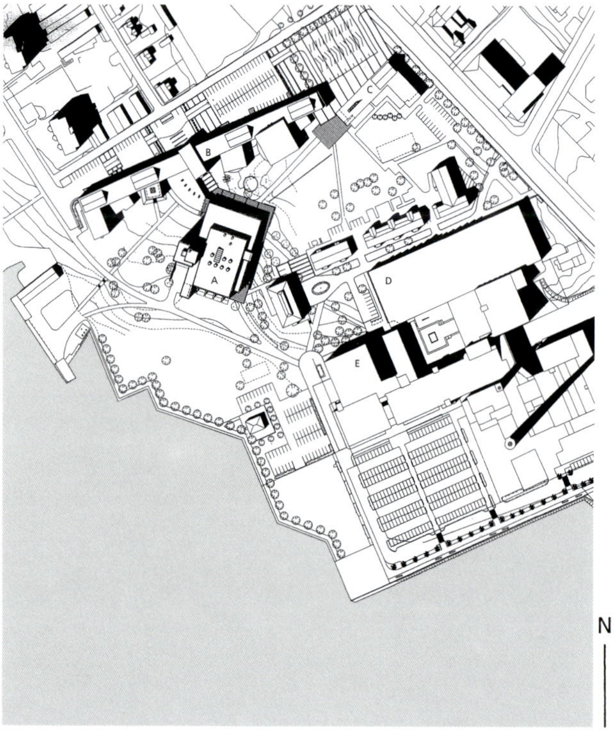

总平面图

A. 特里托尼科学图书馆
B. 瓦沙大学主楼
C. 瓦沙大学行政楼
D. 瓦沙大学技术楼
E. 瓦沙大学老楼

退台式阅览空间

图书馆西南面外观

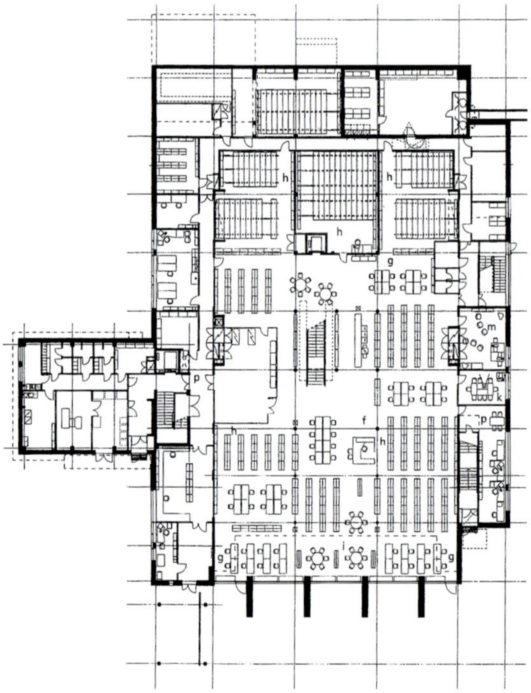

首层平面图

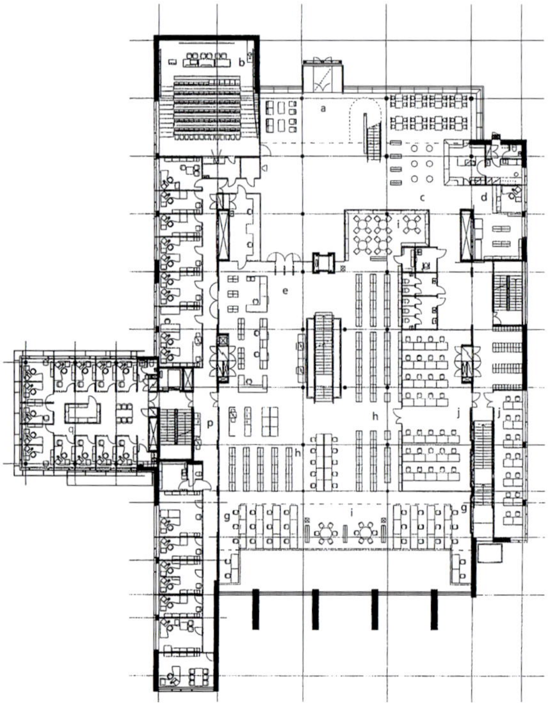

二层平面图

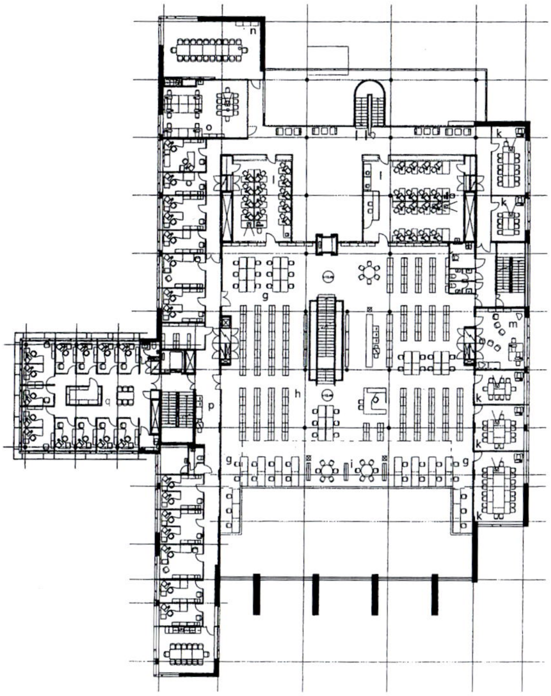

三层平面图

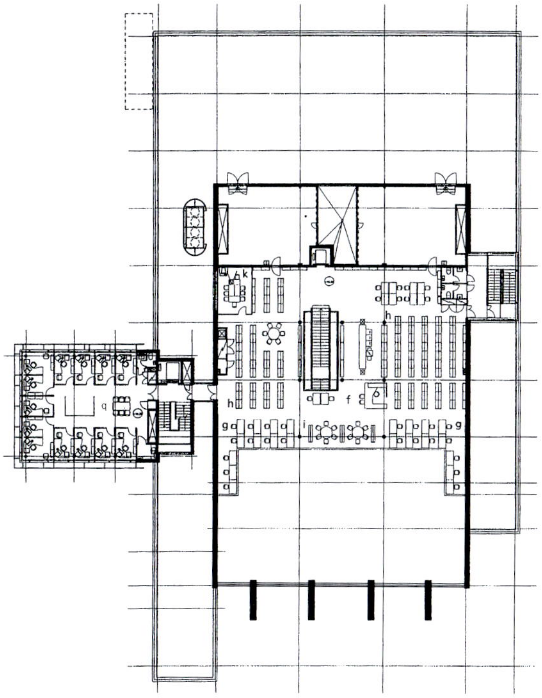

四层平面图

a. 入口大厅
b. 报告厅
c. 咖啡厅
d. 书店
e. 借阅台
f. 信息台
g. 学习室
h. 书库
i. 期刊室
j. 阅览室
k. 小组研讨室
l. 计算机教室
m. 视听教室
n. 会议室
o. 多媒体教室
p. 教学设备室
q. 研究室

中心阅览室主楼梯

外立面细部

阅览空间内景

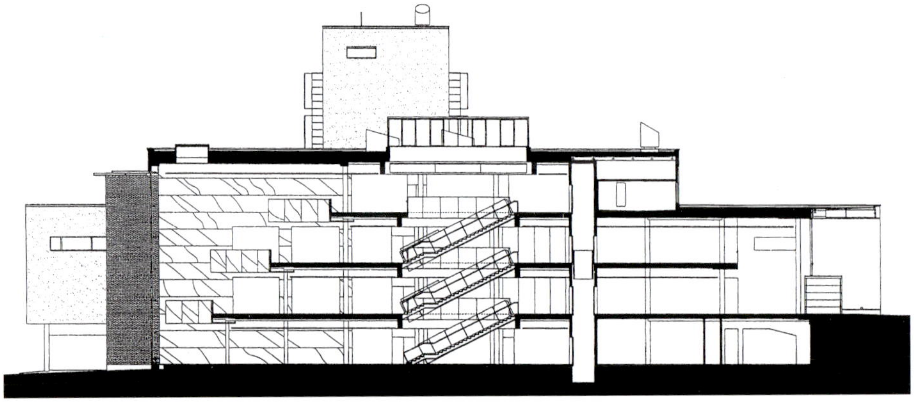

剖面图

主入口夜景

图书馆沿海立面夜景

# 15 赫尔辛基热带花园和环境信息中心　赫尔辛基市

## Helsinki Tropical Garden and Environmental Information Centre, Helsinki

**建筑师：Artto Palo Rossi Tikka 建筑师事务所**
**Hannu Tikka, Karoliina Hautalahti, Elina Ahdeoja**
**完成日期：2001 年**

该建筑位于赫尔辛基城市边缘的威琪科技园内，是传统历史文化保留区的一部分，建筑群实际上形成了一个内庭空间，建筑群由玻璃主体花园和两块商业及办公区域组成，它们都位于基地的北侧，以便使内庭空间最大限度地避开交通线的干扰，同时也使建筑群及其内庭向南边的自然景观区敞开。

两部分商业及办公区域的建筑均为两层，底层主要是商店，上层为办公室，两部分建筑之间形成一个广场，可以按不同需要组织节庆活动和展览。主体建筑最吸引人之处是它的热带花园，而其中展示的是热带植物，附属设施亦包括专为中小学生们准备的自然学校，其设施亦可依具体情况用于研讨会或家庭聚会。

热带花园的主体结构是独立式钢架系统加防眩光玻璃幕墙，其顶面亦安装有太阳能接收及转换系统，可将部分太阳能转换为电能，作日常照明等用途，而建筑其他部分的承重墙体则为混凝土结构。建筑物外立面及室内装修材料主要有玻璃、钢、混凝土、胶合板以及镀铜锌板等。

主体建筑外观

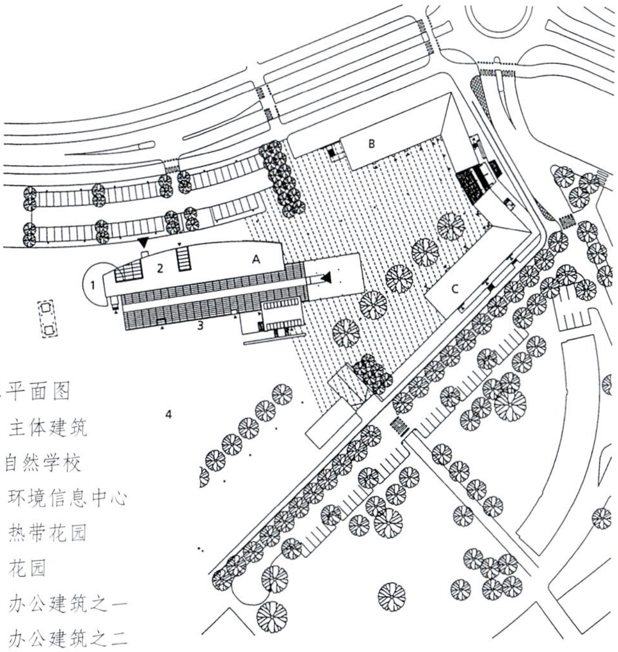


总平面图

A. 主体建筑

1.自然学校

2. 环境信息中心

3. 热带花园

4. 花园

B. 办公建筑之一

C. 办公建筑之二

热带花园内景

a. 内庭花园

b. 冬季花园

c. 自然学校

d. 保管室

e. 多功能教室

f. 会议室

g. 员工办公室

h. 信息大厅

i. 咖啡厅

j. 台阶

k. 衣帽间、卫生间

l. 商店

m. 休息空间

n. 卫生间

o. 贮藏室

p. 技术空间

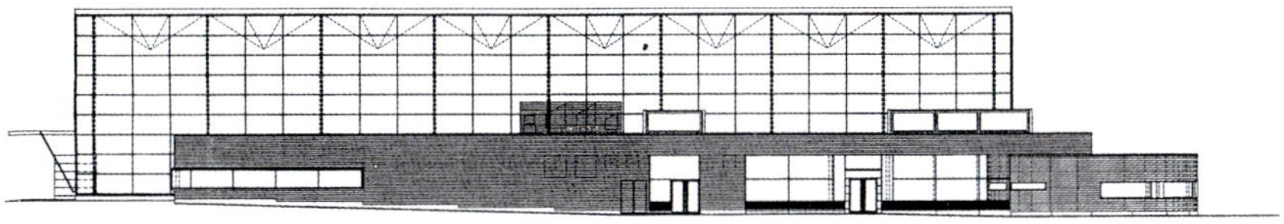

热带花园及信息中心北立面图

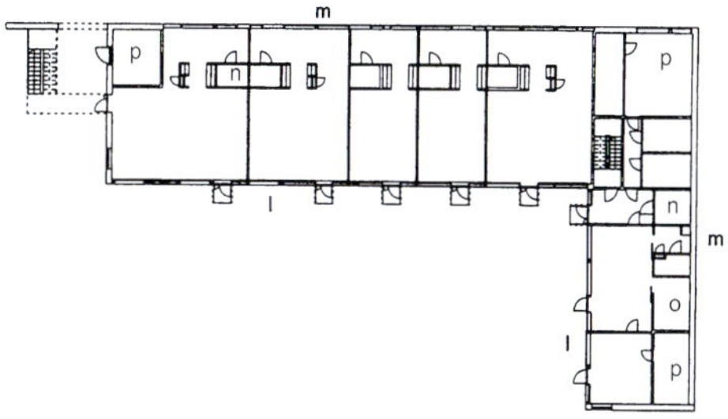

办公建筑平面图

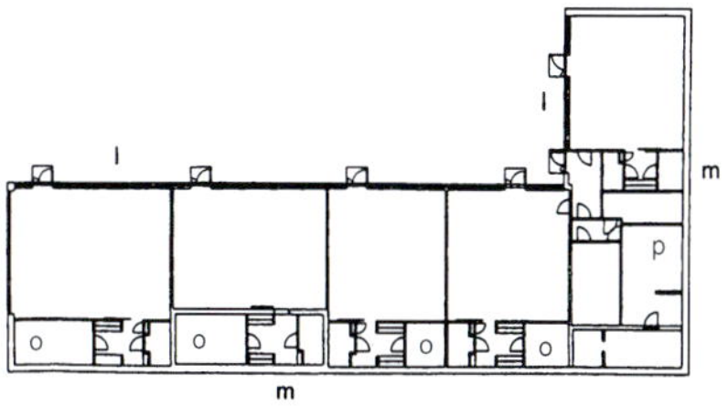

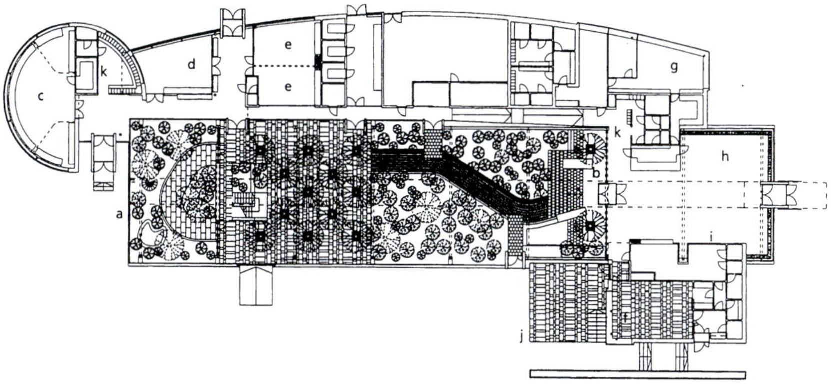

热带花园及信息中心平面图

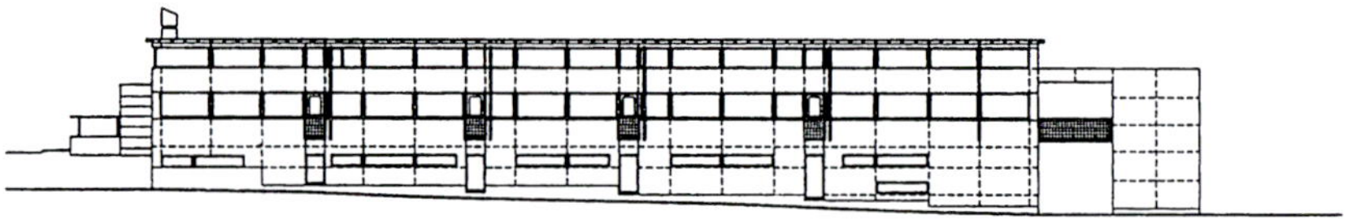

办公区立面图之一

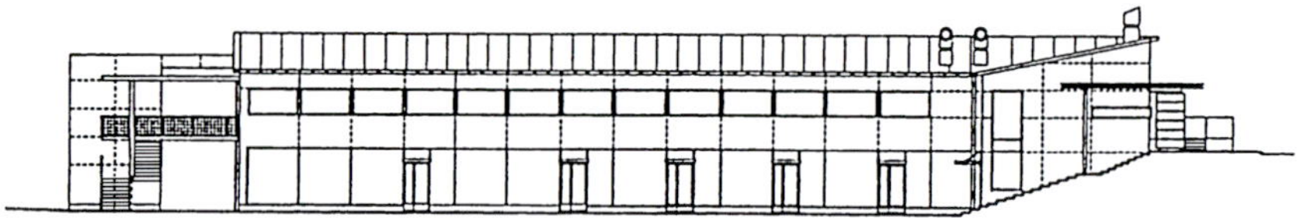

办公区立面图之二

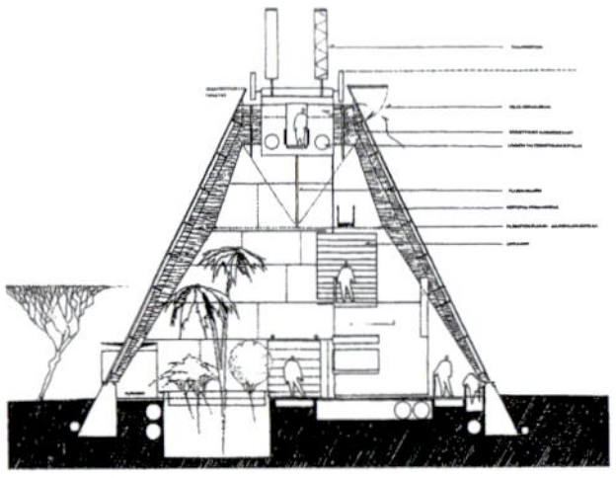

主体建筑剖面图

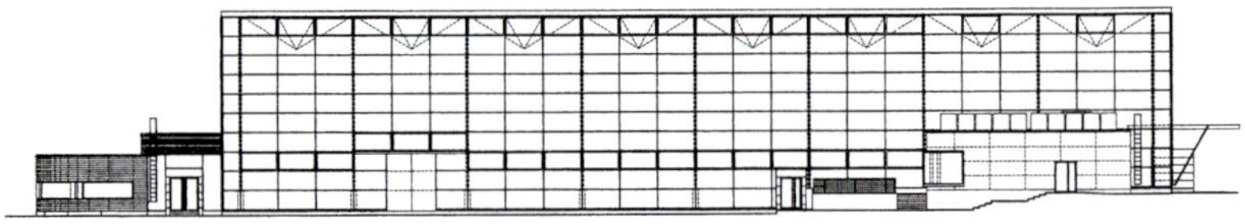

热带花园及信息中心南立面图

主体建筑内廊

前厅休息空间

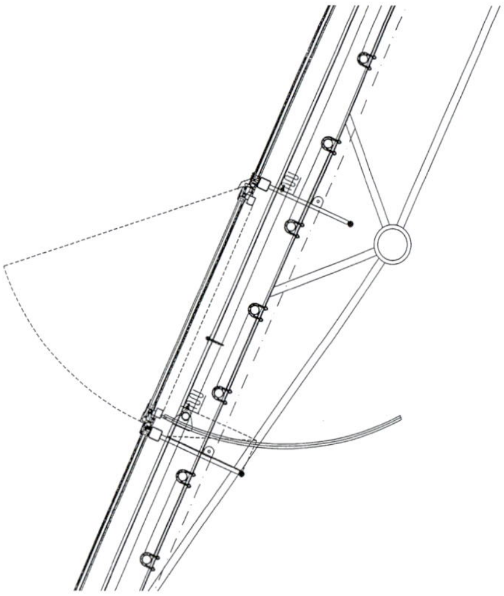

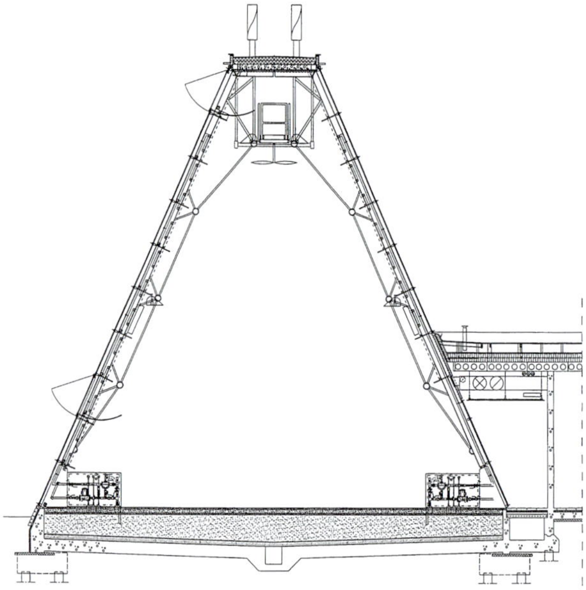

热带花园及信息中心构架及节点

热带花园室内

辅助入口外观

# 16 半独立式住宅　Kölitie 2–4　赫尔辛基

## Semi–detached Houses Kölitie 2–4, Helsinki

**建筑师：Penttinen 和 Korhonen 建筑师事务所**
**Kirsi Korhonen, Mika Penttinen**
**完成日期:2001 年**

这批半独立式住宅所在的拉雅沙罗海滨风景区是一片岩石区，其间布满松树，至今仍留存着几间老渔屋和夏日别墅小筑。就在其中一片属于一位老渔民的岩石基地上，五对半独立式住宅建在那里，新建筑的尺度与基地中已有的建筑物相匹配，基地中重要的突出的岩石和松树都尽可能保留下来，这批松树都很古老，在建造过程中曾遭遇一次风暴，致使一棵松树倒下，此树已有三百多岁了。所有建筑物都被非常精心地布置于裸露的岩石当中，建筑师在设计中避免一切不必要的挖掘，因此能够使每套住宅都有高差上的区别，并有丰富的空间层次。

这批半独立式住宅基本上是西南方向朝向大海，其平面布局清晰而简单，其规格有如下几种：94m²、104m² 和 140m²，每户的私家花园都不大，因此留出大片的公共活动场所，并在相当程度上保留其自然状态。其主要建筑材料是混凝土：山墙部分是白色混凝土，轻质墙体部分则是木结构框架覆以木板、玻璃以及机械密封的金属屋顶，每一户的车库和室外贮藏间均为木结构，并依每户建筑的不同布局情况分别建造。

小区内院景观之一

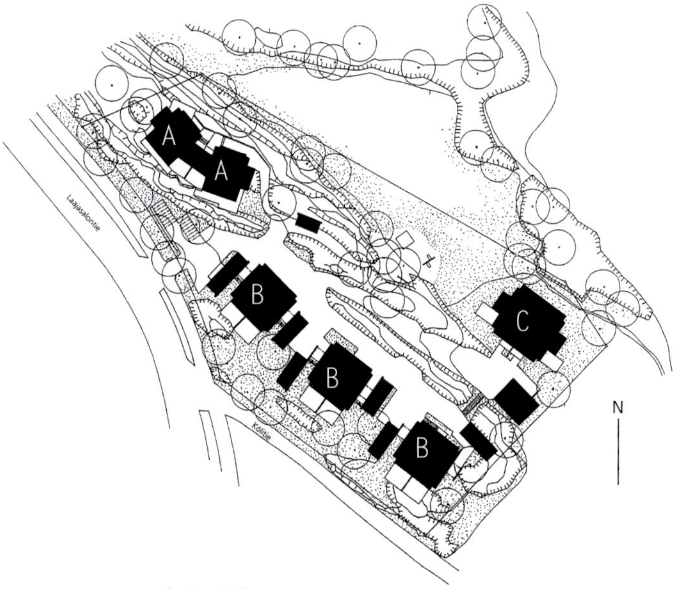


总平面图
A 单元 94m²
B 单元 104m²
C 单元 140m²

A单元外观

B单元外观

小区内院景观之二

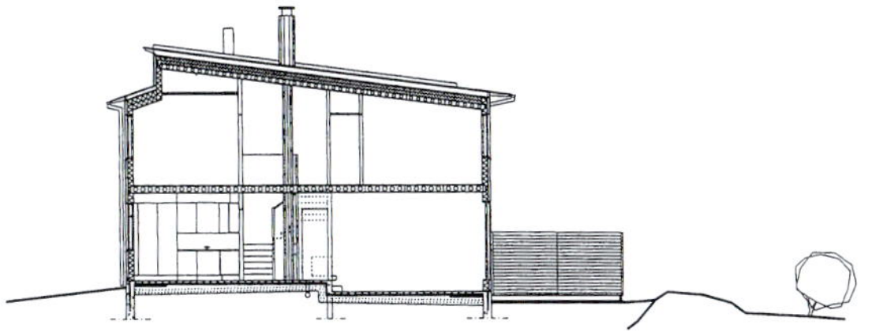

B 单元剖面图

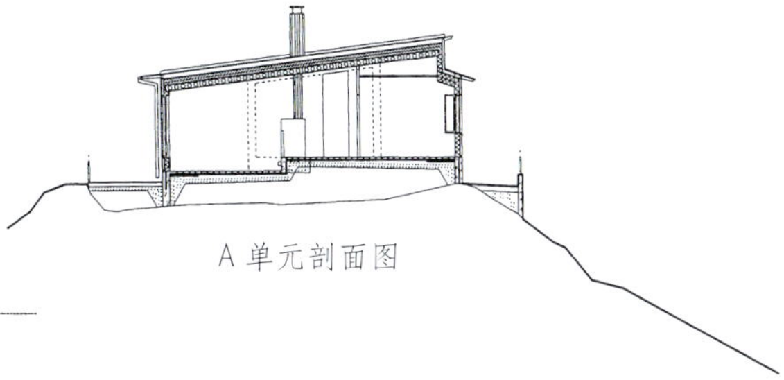

A 单元剖面图

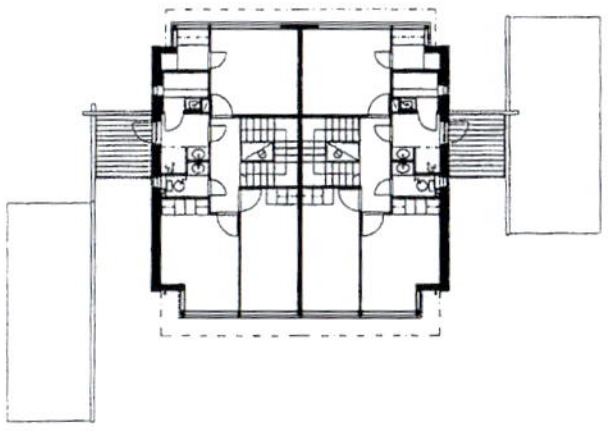

C 单元二层平面

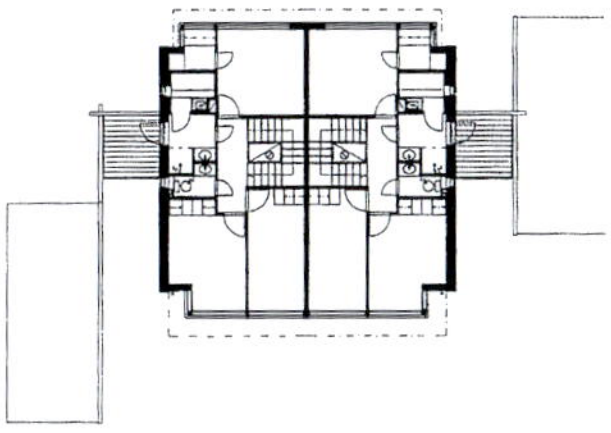

B 单元二层平面

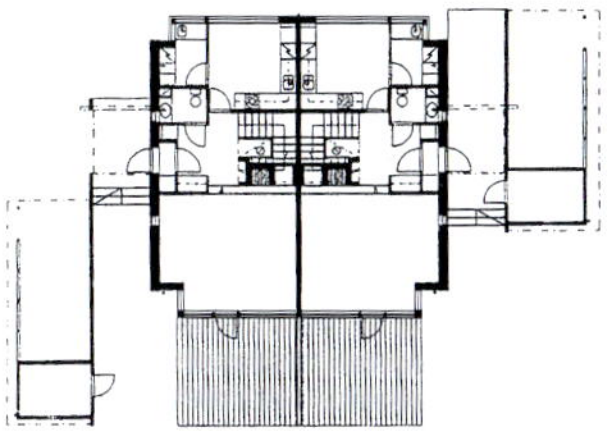

C 单元首层平面

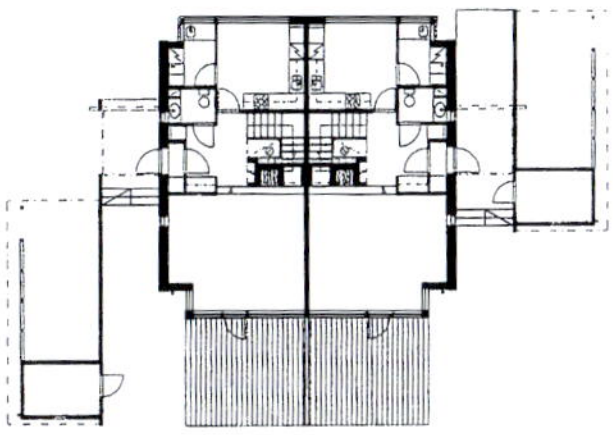

B 单元首层平面

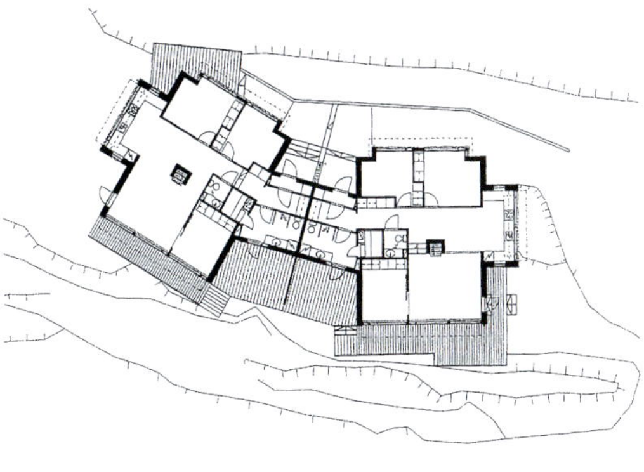

A 单元平面图

B 单元外立面侧景

小区内院景观之三

# 17 玛瑞科奇音乐厅 纽伦堡 德国
## The Marienkirche Concert Hall, Neubranderberg, Germany

**建筑师：拜卡·萨米宁建筑师事务所**
**Pekka Salminen, Heikki Viherkoski**
**完成日期:2001 年**

纽伦堡位于柏林北边 150km 处，该城市的轮廓自从中世纪以来就由建成于 1298 年的圣玛丽亚教堂（即玛瑞科奇）控制，该教堂是欧洲红砖哥特式建筑的代表作品。在二次大战后期该教堂遭到严重毁坏，因此纽伦堡市政当局最终决定将该教堂改建成一座音乐厅，并已于 20 世纪 80 年代及 90 年代着手基础工作，随后于 1996 年举办了一次国际设计竞赛征集新音乐厅建筑方案。

本设计中将纵向的教堂大厅用玻璃隔墙分成两部分，玻璃隔墙同时用作防火山墙和隔音墙，由此产生一个前厅和主体如鞋框状的音乐厅。前厅相对狭窄，实际上已成为一种走廊，但这种处理手法能够使古老的哥特式建筑墙体全部保留下来，并使新的结构几乎完全独立于老的建筑。音乐厅的声学玻璃天花由一系列的玻璃金字塔组成，其具体形状的变化是由声学方面的计算结果决定的。从音乐厅使用的多功能角度来看，玻璃天花上面的空间被设计为剧场舞台塔，各种机械装置有系统地布置在那些玻璃金字塔之间，舞台上空的由钢和玻璃组成的反射架也可在这些机械装置的控制下根据功能需要移动和调整。

音乐厅的坐位可根据演出的需要设定为 687 座、853 座或者 1100 座，其使用范围包括地面层、室内挑台区和风琴台附近乐队演奏区后面的区域。新结构的设计、新材料的选择和色彩方案都非常严格：纯净的现浇混凝土，灰色的钢结构和玻璃，而前厅的地面则铺设灰色石灰石，主体音乐厅地面及主楼梯都用桦木板条铺地，此外桦木板材也用于部分固定装修区域。

中世纪哥特式教堂外观

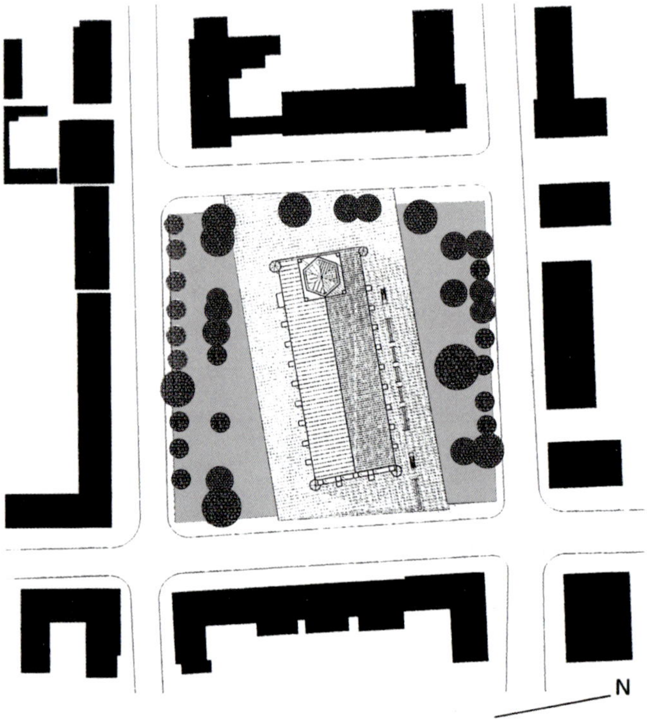


总平面图

音乐厅二层悬挑看台及玻璃声学反射装置

音乐厅入口

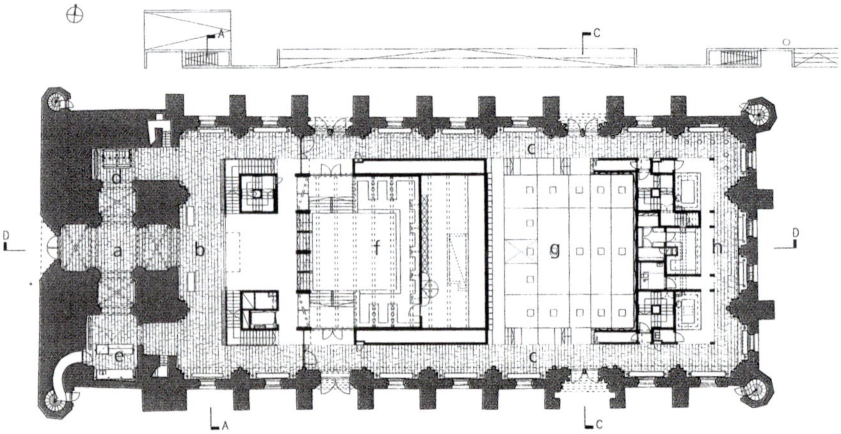


首层平面图

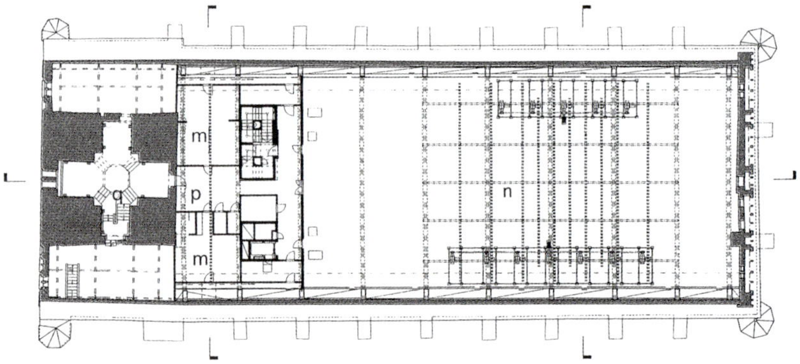


舞台技术设备层

a. 门厅
b. 大堂
c. 侧厅
d. 门卫
e. 咖啡厅
f. 衣帽间
g. 舞台
h. 后厅
i. 上厅
j. 主观众席
k. 乐队后观众席
l. 大厅上部
m. 办公室
n. 灯架
o. 展览区入口
p. 塔
q. 空调机房
r. 备用空间
s. 舞台技术设备
t. 舞台控制塔

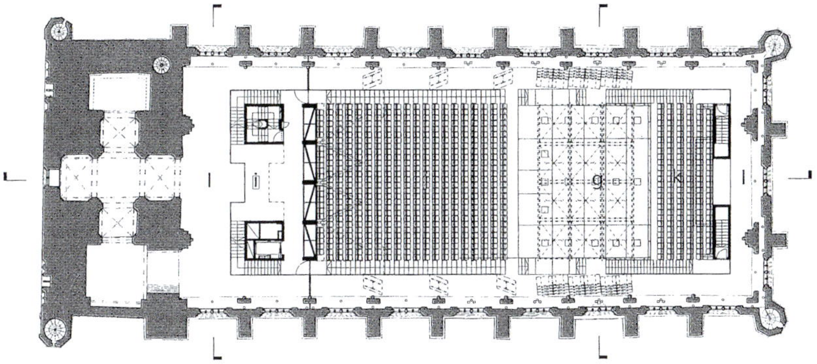

观众厅层面

音乐厅大堂侧廊

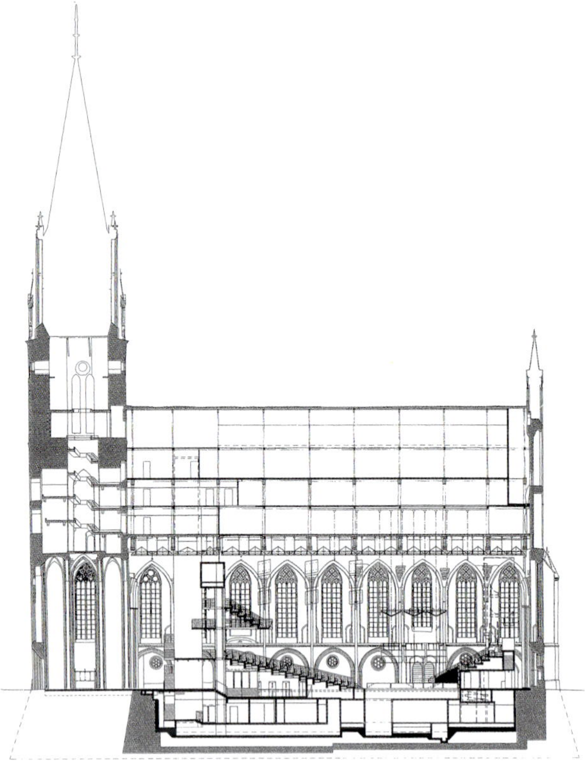


纵剖面图

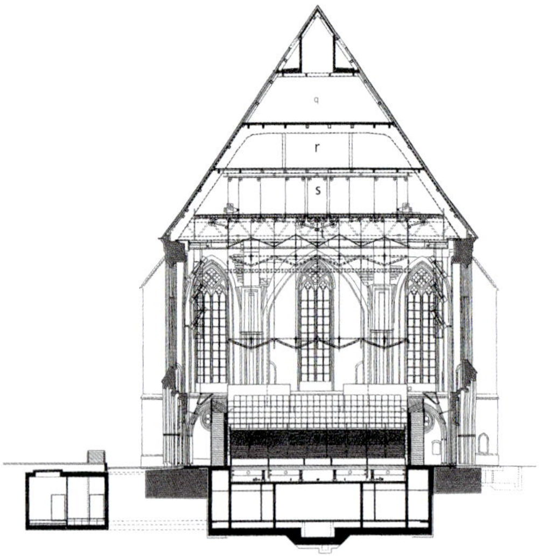

横剖面图

音乐厅入口大厅之一

音乐厅入口大厅之二

音乐厅上层观众席

音乐厅室内全景

# 18 赫尔辛基火车站站台天棚　赫尔辛基市
## Helsinki Railway Station Platform Roofing, Helsinki

**建筑师：艾沙·毕罗宁建筑师事务所**
**Esa Piironen**
**完成日期：2001 年**

赫尔辛基火车站于 1919 年开始启用，当它仍在施工时，建筑师老沙里宁就为其站台天棚设计过三套方案，但因种种原因都没有实施。近几年来赫尔辛基的近市郊交通迅猛发展，因此火车站的设施也不得不相应增建并调整，此外天气也是一个问题，尤其是冬天给室外候车带来不舒适。该工程源自 1994—1995 年间芬兰举办的一次国际设计竞赛，该次竞赛还特别邀请了当今国际上最活跃的十位建筑大师：Santiago Calatrava, Terry Farrell, Norman Foster, Kund Holscher, Toyo Ito, Rafael Moneo, Jean Nourel, Niels Torp, Volkwin Marg 和 Volker Gieneke，结果是芬兰建筑师中奖并获实施。

该站台天棚的尺度规划与老沙里宁的原有建筑紧密配合，最南端的候车平台成为新天棚的主体大厅，并配有各种商店设施，天棚设计的尺度适用于所有的交通工具包括最近芬兰使用的最新双层列车在内。主体大厅最先建造，它是非取暖开敞空间，各站台天棚则分别建立在钢柱上，只有邻近建筑两翼的天棚利用原建筑的混凝土墙体作为支承结构，整个天棚的屋顶及墙体均为玻璃，其承重部分为钢结构。主体大厅全部采用轻型钢架玻璃结构，以点式交接系统作为支承骨架。

随后建造的站台天棚则从主体大厅向北延伸 165m 从而覆盖原建筑两翼之间的全部站台区，在每条站台天棚之间的长缝则为独立结构，以便雨水能够自动排入铁轨区域，天棚也同时覆盖着铁路电缆，其高度介于原火车站建筑第一、二层之间，天棚的所有钢结构构件全部涂成灰蓝色。整个天棚系统都配备钢网和维修车，而天棚边缘则设有开敞的孔洞以便冬天排雪之用，通风和烟道均由自然循环系统控制。

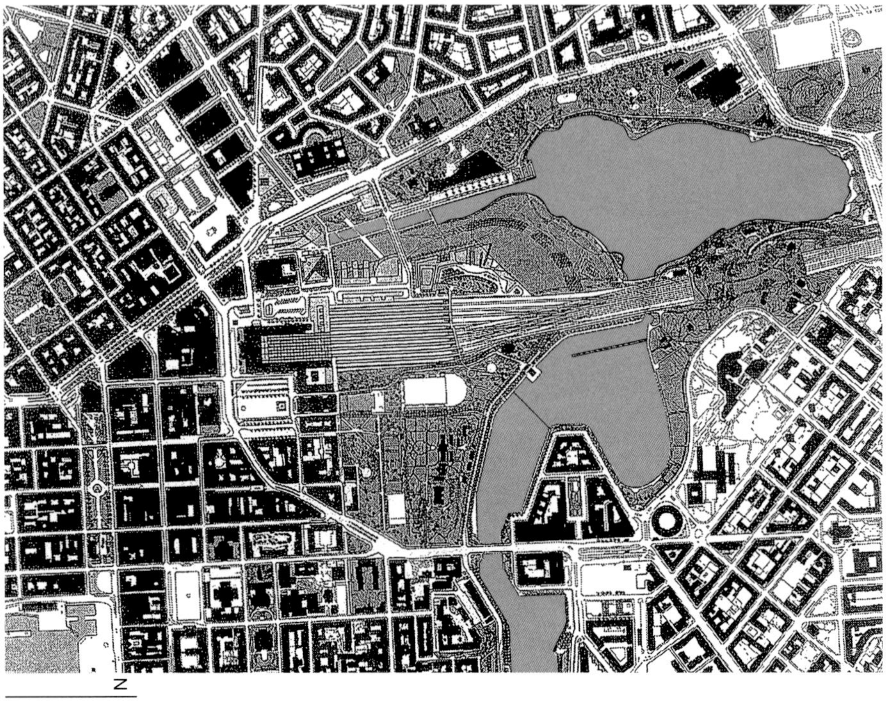


总平面图

主体大厅顶棚结构

剖面图之一

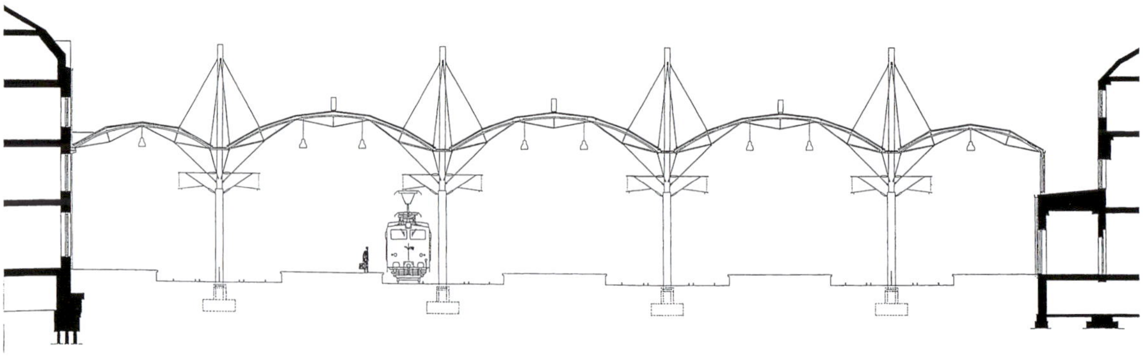

剖面图之二

主体大厅与站台天棚交接结构细部之一

顶棚空间景观

屋顶景观

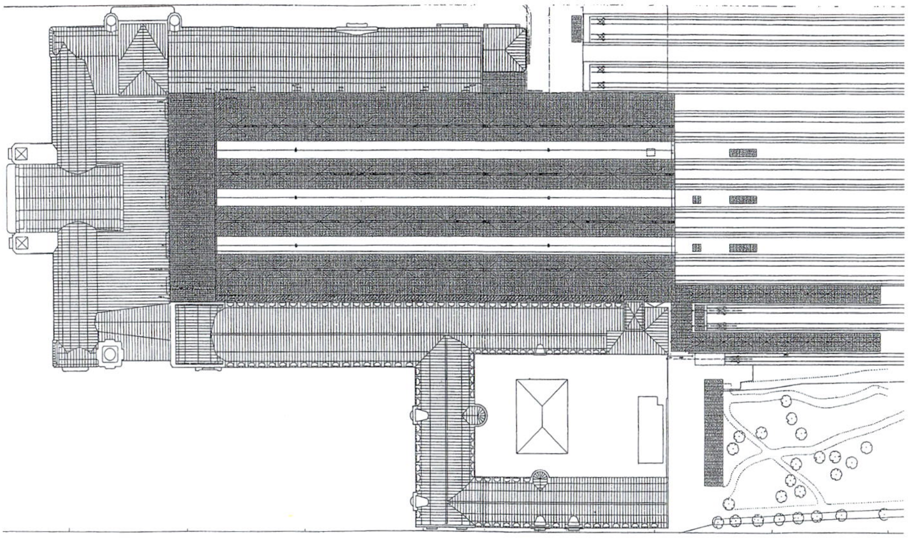

顶棚平面图

站台顶棚空间景观

# 19 赫图涅米综合学校、体育馆及牙医诊所 赫尔辛基

## Herttoniemenranta Comprehensive School, Sports Hall and Dental Clinic, Helsinki

**建筑师：Olli Pekka Jokela 建筑师事务所**
**完成日期:2001 年**

该建筑位于赫尔辛基东区的赫图涅米地区，该区是一片新开发的住宅小区，因此这所学校建筑目前是该区域最大的公共建筑。在功能上，这所学校被划分为一系列两层高的“L”型单元，其中的教室都环绕一个中央大厅布置，不同的单元在某种程度上可以通过不同的材料区别开来，其中一个木板贴面的单元成为学校庭院的界限。主体建筑为砖结构，它与邻近的同为砖结构的体育馆和牙医诊所又构成体育场与建筑群之间的界限，而涂成绿色的一个砖墙单元则面向邻近的公共广场的住宅区。

在这类为超过 700 名学生建造的中大型新学校的建筑设计中，其主题一般总包括几组相互对立的因素：建筑物虽然可能并非很大体量，但包含内容却很多；它所服务的学生人数很多，但却主要是青少年；相对大一些的建筑群体在室内设计中则不断缩小其尺度，最后成为愈来愈小的设计元素；整个建筑物初看起来似乎是多种形式的组合，但却是完全建立在一种简单的极有规律的日常活动安排上；建造过程中所使用的材料虽然多样，但它们的排列组合是极有规律并自成系统的。建筑师显然充分理解了上述这些对立统一的因素并在设计和建造过程中成功地解决了出现的矛盾，最终的结果是和谐的，功能亦非常合理，受到用户的高度赞扬。

走廊一景

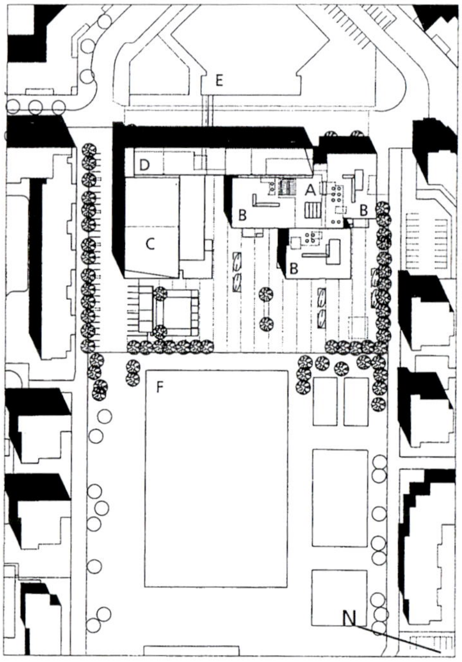


总平面图

A. 综合学校（低年级）
B. 教室单元
C. 体育馆
D. 牙医诊所
E. 多功能建筑备用地
F. 体育场

沿街外观

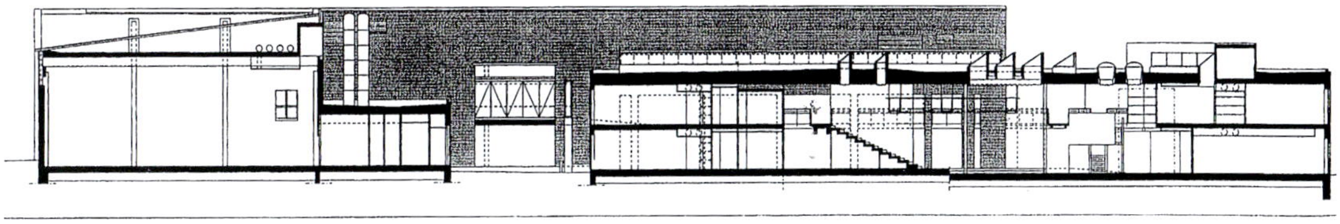

剖面图

建筑群朝向庭院外观

a. 教室单元
b. 中央大厅
c. 艺术教室
d. 特殊教室
（供晚上使用）
e. 工艺教室
f. 厨房
g. 体育馆
h. 贮藏室
i. 牙医诊所
j. 教学设备室
k. 特殊教室
l. 医务室

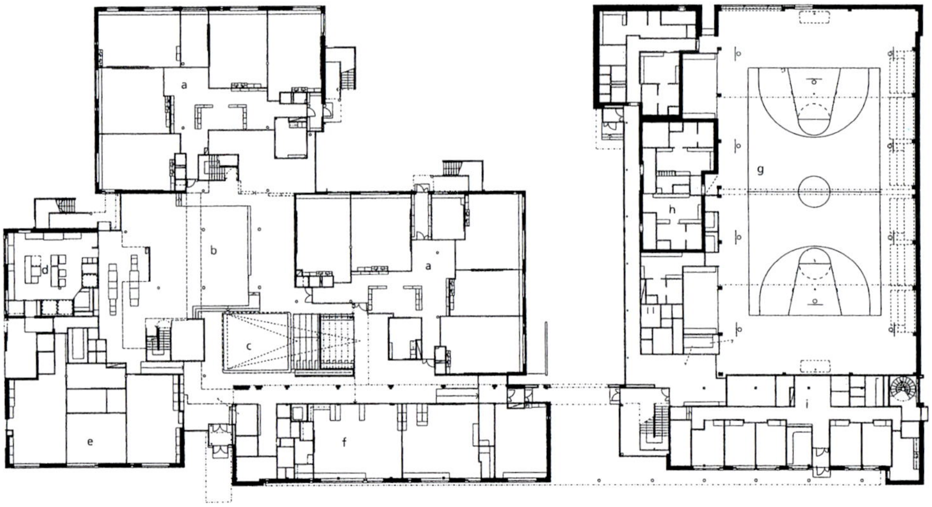


首层平面图

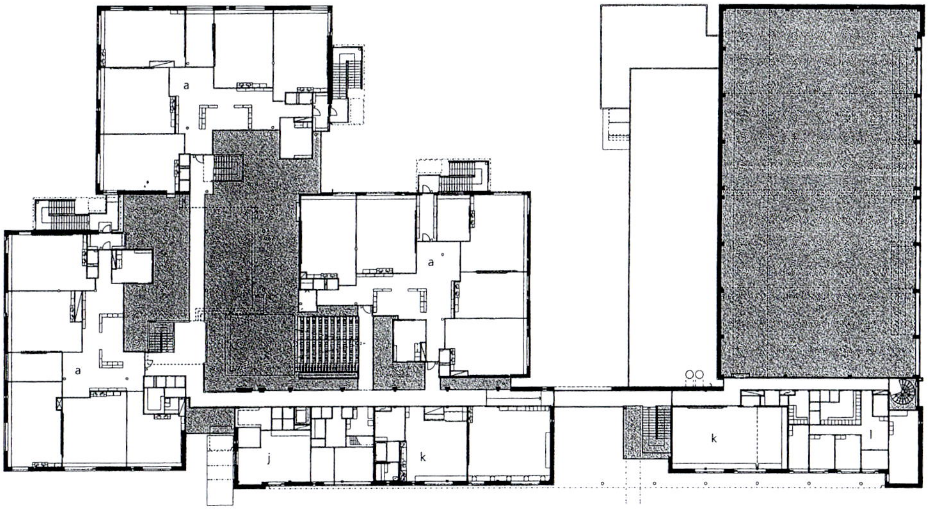


二层平面图

校园内院入口

手工作业教室内景

MUURI
opetustilat 1201-1209
opettajien työhuone 1210

中央共享大厅餐厅兼图书室室内

# 20 托帕伦玛琪学校及青少年活动中心　赫尔辛基

## Torpparinmäki School and Youth Centre, Helsinki

**建筑师：Häkli 建筑师事务所**
**Seppo Häkli, Vesa Jäntti**
**完成日期:2001 年**

这所学校的规模为 450 名学生,它同青少年活动中心一道组成所在社区的教育、文化及休闲中心。在设计的总体布局上建筑师力求一种紧凑的结构,选用近似椭圆形的平面,并努力寻求建筑物与环境的和谐关系。其造型既能强调该建筑是所在地区的唯一的公共建筑,又能突出于周边环境,在和谐中有所变化。入口广场的连廊连同其柱廊一道使平面组合更完善,而独立的单层技术用房又与主体建筑造型有所区别,从而限定了服务的区域。

在室内,椭圆形的平面布局很自然地给不同的教学单元以各自独有的特点,一个三层通高的中央大厅形成该建筑的中心,此大厅采用天窗自然采光,它同时也是开放式学习中心,是强调公共参与意识的一个室内广场,部分采用玻璃幕墙的教室在二层环绕中央大厅布置。中央大厅和地面层设有大餐厅、图书馆、计算机工作空间以及一个移动舞台,此舞台在技术上亦可满足专业演出,由此形成的一个小剧场及其设备和服务桥架都给学校建筑带来一种新的表达方式,由此强调学校日益丰富的教学活动,并面向未来。

建筑师对材料的真实表达在中央大厅的设计中被特别强调,未加任何涂饰的材料留存着它们的基本特点,创造一种着意追求创意的气氛,避免过分雕琢,产生一种鼓励创新和注重自我特点的学习环境。曲线形的外立面采用色彩强烈的木板条贴面,板条则事先已弯曲处理,现场用钢条固定。在木板条的缝隙中可看到的电镀钢板实际上是防水层,同时也是外立面层与通风槽之间的防火层。

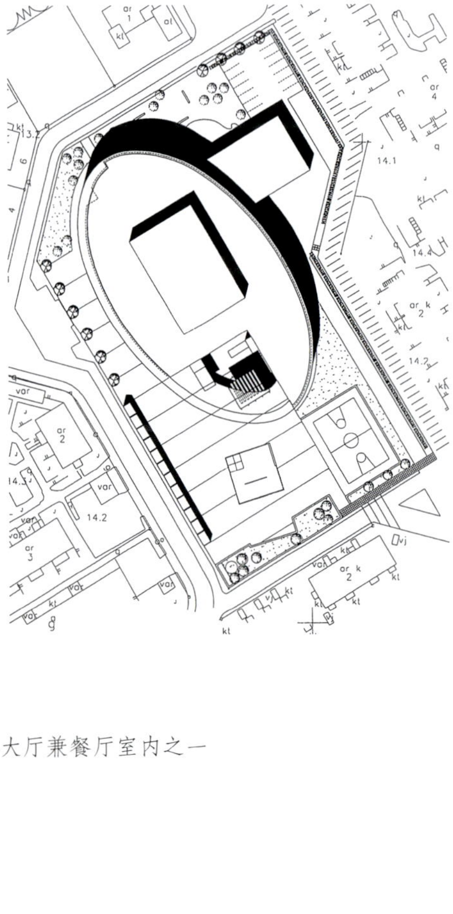

总平面图

共享大厅兼餐厅室内之一

外观全景

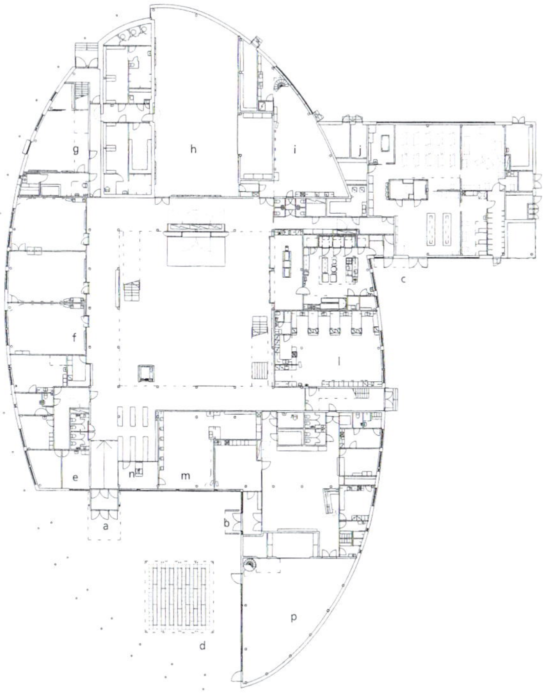

首层平面图

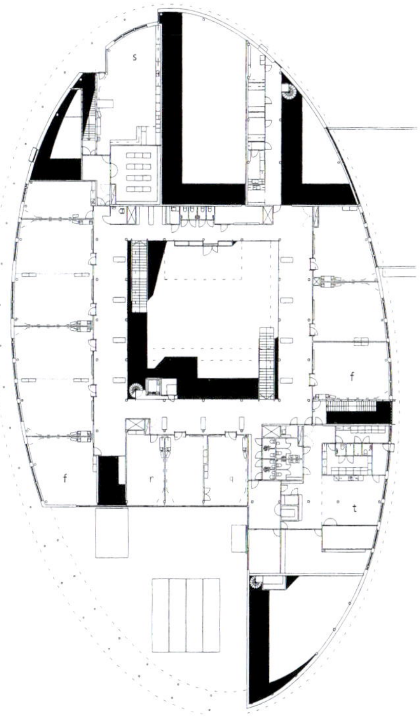

二层平面图

a. 学校入口
b. 青年活动中心入口
c. 服务入口
d. 户外教学空间
e. 学生社会服务室
f. “家”教室
g. 多功能空间
h. 体育馆
i. 艺术设施室
j. 技术空间
k. 厨房
l. 家政教室
m. 环境实验室
n. 温室
o. 青年活动场所
p. 音乐活动室
q. 小组团活动室
r. 特殊教室
s. 纺织教室
t. 管理用房

建筑西北外观局部

共享大厅兼餐厅室内之二

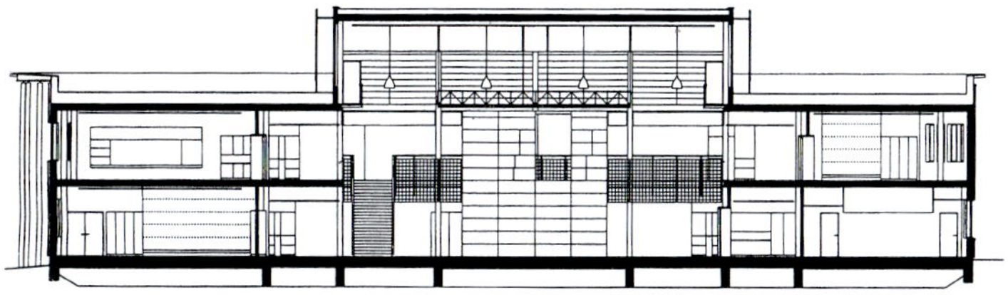

剖面图之一

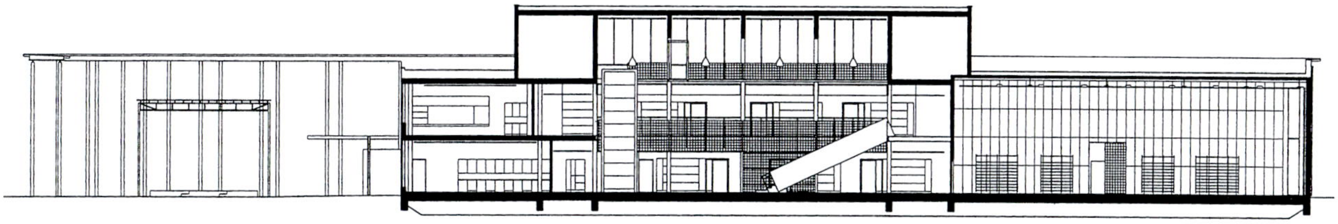

剖面图之二

教学区走廊

普通教室室内

入口空间

# 21 赫尔辛基大学贡普拉校区物理科学馆　赫尔辛基市

## Helsinki University Kumpula Campus Physicum Building, Helsinki

**建筑师：Lahdelme 和 Mahlamäki 建筑师事务所**

**Rainer Mahlamäki**

**完成日期:2001 年**

贡普拉校区是赫尔辛基大学市中心总部的后三大校区之一，刚建成不久的物理科学馆主要是为相关系科的实验、教学和研究服务的。建筑设计的主要构思源自1997 年设计竞赛中标方案的设计理念，即在功能及建构两方面发展尽可能紧凑的布局，功能用房沿一个公共室外空间形成组团，这样，在化学系和原子加速器实验室之间设置有一条曲折但又采光良好的通道。此外，该建筑也包括自然科学系科的其他教学机构以及为整个贡普拉校区服务的中心图书馆。

从建筑构成的角度看，该建筑被分成三个部分：面积最广大的各相关系科的空间、前厅空间和图书馆。建筑师为三个部分赋予了各自不同的特点：各系科区域布局紧凑但井井有条；前厅空间轻灵并富于空间变化；图书馆则开敞通透，令人耳目一新。如果各系科区域表达了一种追随功能需要的理念，那么图书馆和前厅空间则为整个建筑提供了一种永恒和稳定的氛围。建筑外立面的材料是刷白的混凝土砌块和素色铝合金栅格板，都在建筑室内重复使用，尤其是那些栅格板百叶窗，对使用者的视线和室外光线的强烈照射都起到适度的调节作用，同时为室内外表面带来细腻的肌理变化。沿着步行通道的木板及胶合板贴面则为建筑带来柔和的色彩和温暖的感觉。

主入口外景

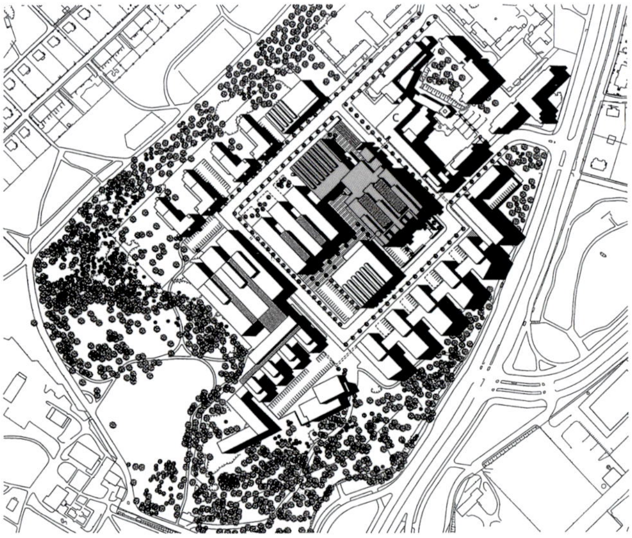


总平面图

A. 物理学院第 3 期办公楼（物理科学馆）

B. 图书馆

C. 化学系教学楼

物理科学馆外观

次入口外观

a. 前院
b. 主入口
c. 入口大厅
d. 图书馆阅览室
e. 图书馆书库
f. 顶光花园
g. 报告厅
h. 教室
i. 专用教室
j. 实验室
k. 个人工作室
l. 咖啡厅
m. 学生俱乐部

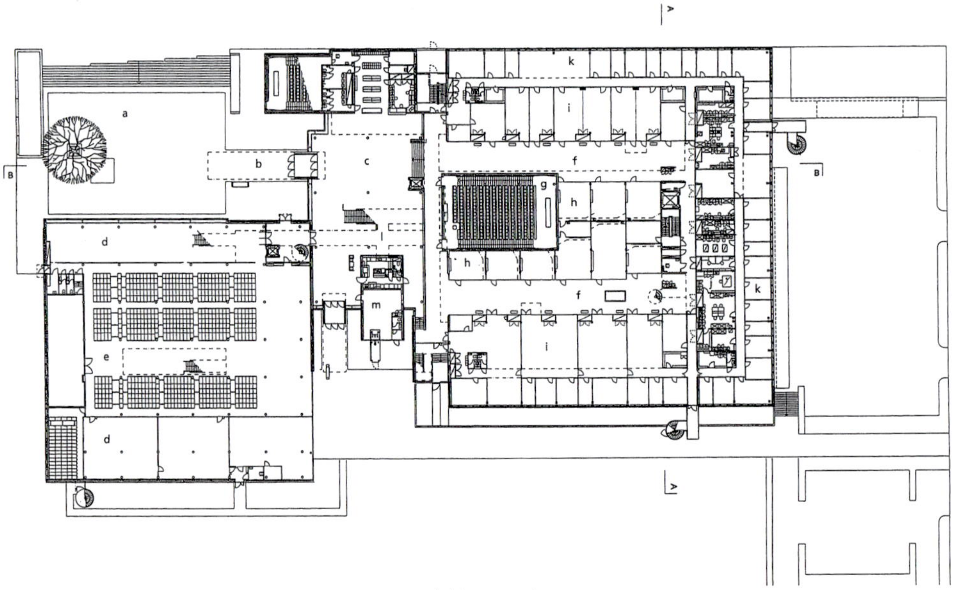

首层平面图

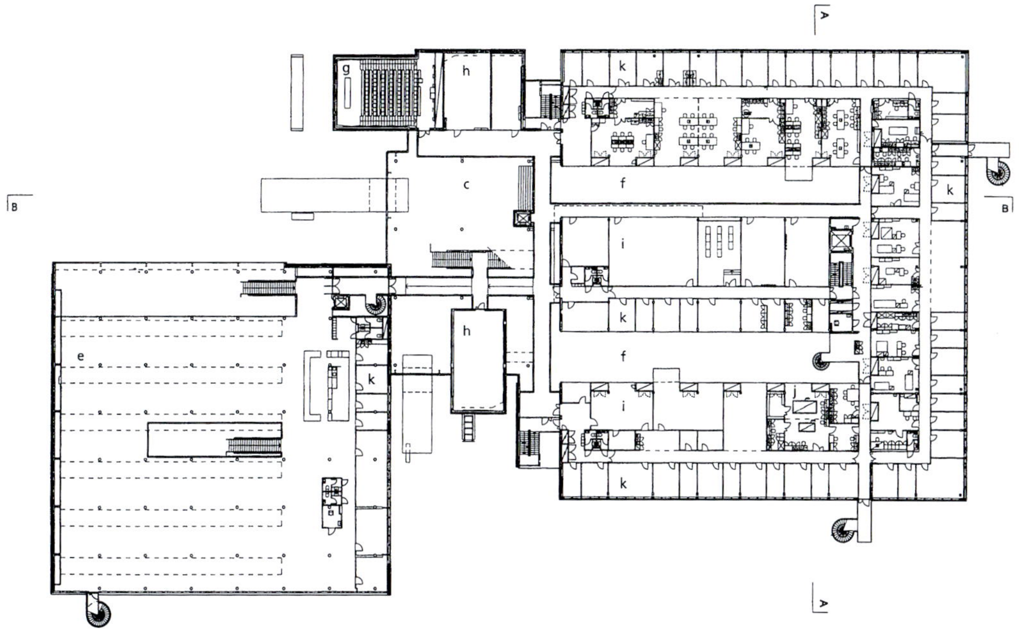


二层平面图

图书馆室内一角

外观

咖啡厅室内

教学区走廊

入口大厅楼梯

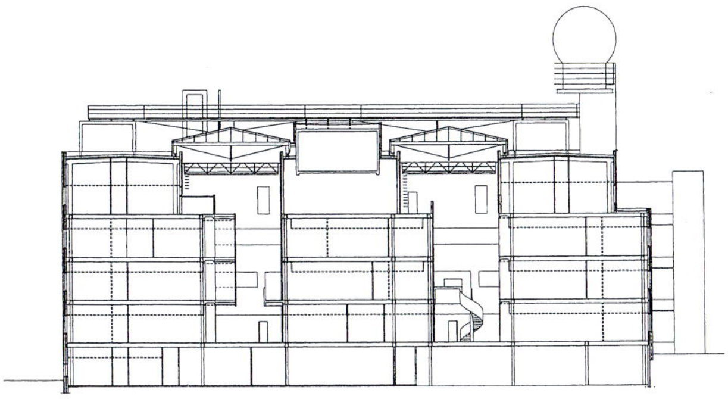

A-A 剖面

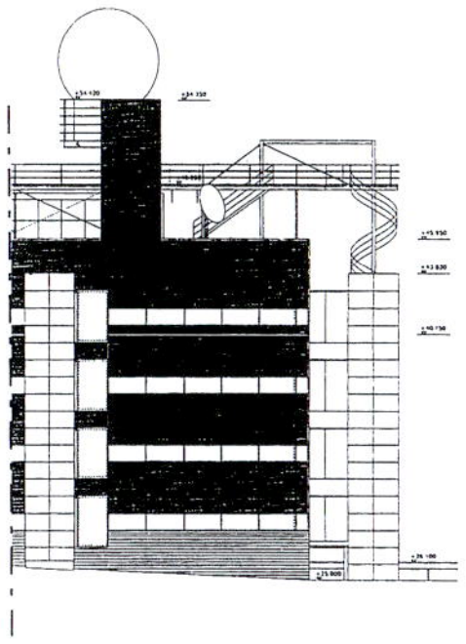

立面局部示意图

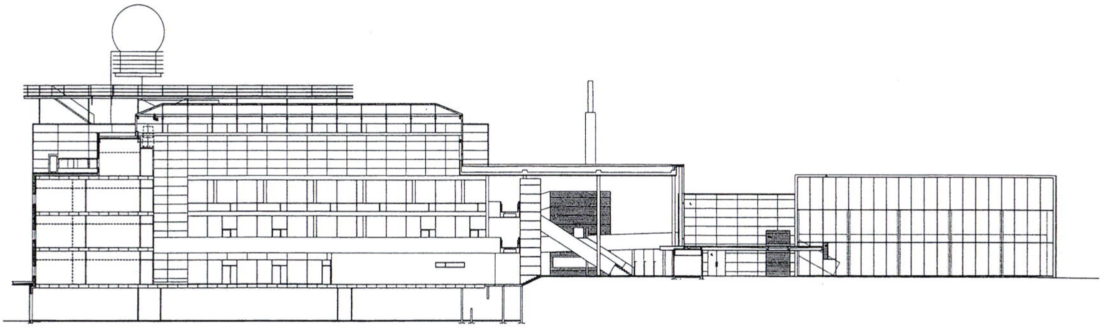

B-B 剖面

物理科学馆主入口夜景

# 22 奥拉维林纳城堡的天棚剧院 萨沃林纳市

## Canopy and Auditorium at Olavinlinna Castle, Savonlinna

**建筑师：Markkss Erholtz, Heikki Paakkinen**

**完成日期:2001年**

奥拉维林纳城堡建于1475年，其第一批建筑完成于1496年，随后不断有增建直至废弃。1959年至1975年由芬兰设计大师诺米斯纳米主持了全面的修复工作，而天棚剧院作为最近的项目主要是为每年七月举办的萨沃林纳歌剧文化节服务的，文化节之后天棚剧院被拆除，然后在第二年再重新组装使用。

该建筑使用张拉膜结构系统，由钢缆和钢管体系支承，其基础则是建筑于1940年和1970年的混凝土地面广场，而城堡本身的历史性结构则完全独立。天棚的覆盖面积为1 800m$^2$，其规模是欧洲同类结构中最大的。为保证天棚的帆布成为一个整体，钢架支承结构被置于帆布膜的上方，建造时先将承重的钢结构在广场上搭建到位，而后将帆布膜张拉在钢架下方，由此产生一种独特的结构方式。

天棚造型的不对称完全是为迎合剧场最佳声学效果的需要，最后演出效果证明其设计比预想的还好。天棚帆布膜材料完全不透明，以便在演出时能最大限度地保证室内的暗度。该材料内面涂成深天蓝色，外表面则涂成淡灰色，其色彩的选择一方面为了协调城堡的原有色调，另一方面也考虑耐脏及便于清洁。整个天棚剧场有正式座位2260个，自然分化出的前厅亦用作演出中间的休息空间。

天棚外观

剧院内景之一

剧院内景之二

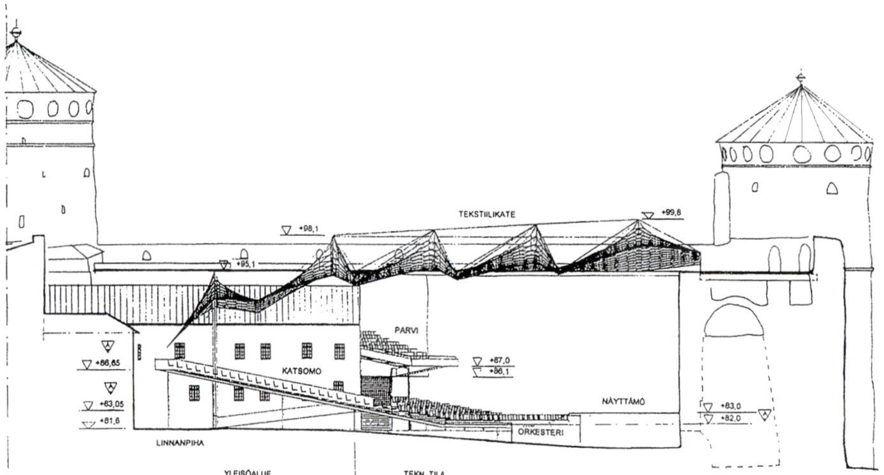


剖面示意图

剧院内景之三

天棚细部之一

天棚细部之二

# 23 戴奈拉公司办公楼　赫尔辛基
## The Deianeira Company Building, Helsinki

**建筑师：Tuomo Siitonen 建筑师事务所**
**Tuomo Siitonen, Esko Valkama**
**完成日期:2001 年**

戴奈拉公司办公楼是 2000 年建成的诺基亚研究中心的延伸，该建筑的“U”型布局是由城市规划的具体条文限定的，在此限定中其建筑的进深需满足标准工作站的尺度。对空间的经济性的考虑使得设计中的所有元素都达到极少化，建筑的特征主要是通过外立面的处理、楼梯前厅的设计来表达的，由于安全方面的规定，办公空间不设公共入口，但建筑物本身有出口直达邻近的多层停车场。

楼梯前厅在该建筑的核心位置形成一个小尺度空间，楼梯的扶手及水平栏板都由玻璃制成，以便自然光能直接从上层玻璃窗进入前厅空间，并通过玻璃砖墙进入办公空间的中心区域。楼梯前厅和电梯间的隔墙则用橡木胶合板饰面，由于在建筑的两端都已设置防火楼梯，因此主楼梯不需要达到防火标准。前厅的延伸包括两个辅助办公的空间区域，即位于南立面一侧的员工咖啡厅和小会议室，沿主要大街的立面按城市规划要求必须是建筑的通高尺度，其外层由遮阳百叶组成。这样整个建筑的体量极为简洁，其外观设计也达到极少主义的标准。沿街长廊的承重结构为钢架，上面的百叶由穿孔铝合金板组成，而支承结构下部的梁架则同时用作长廊的采光格架。

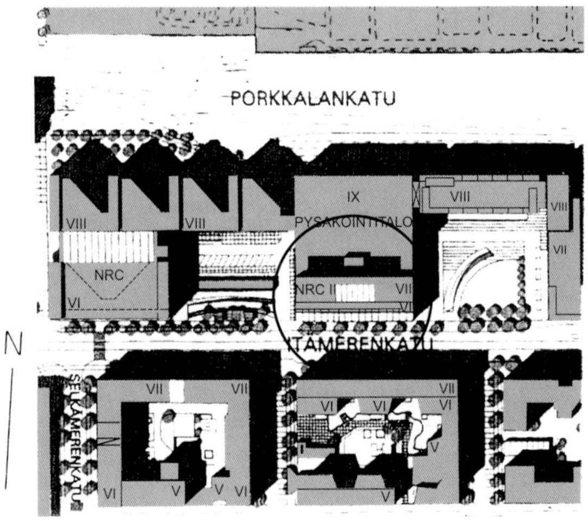

总平面图

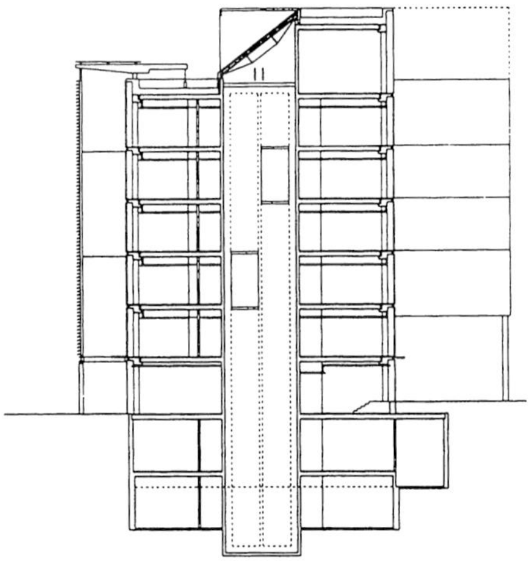
剖面图

入口景观

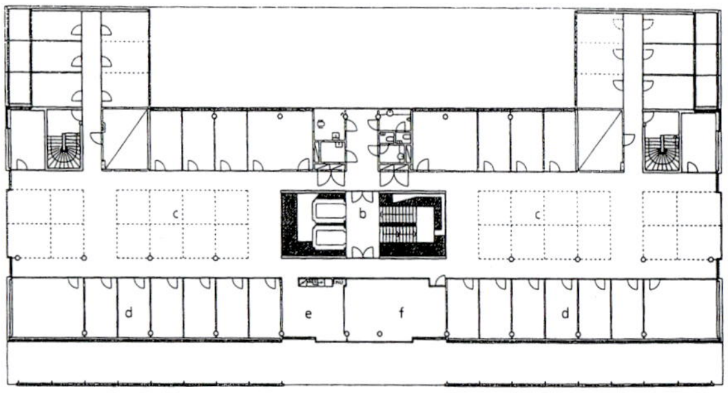


三层平面图

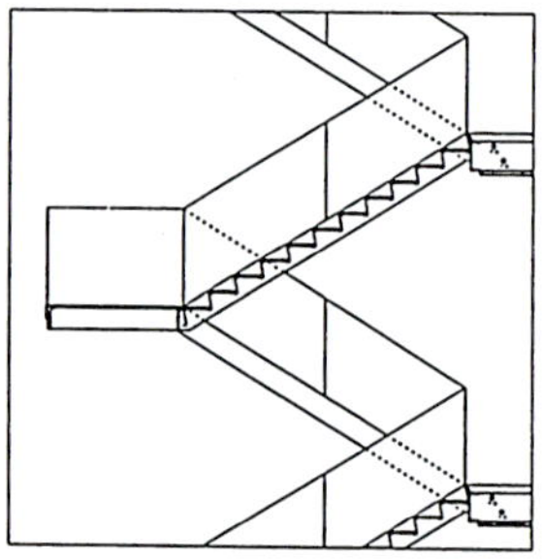

楼梯示意图

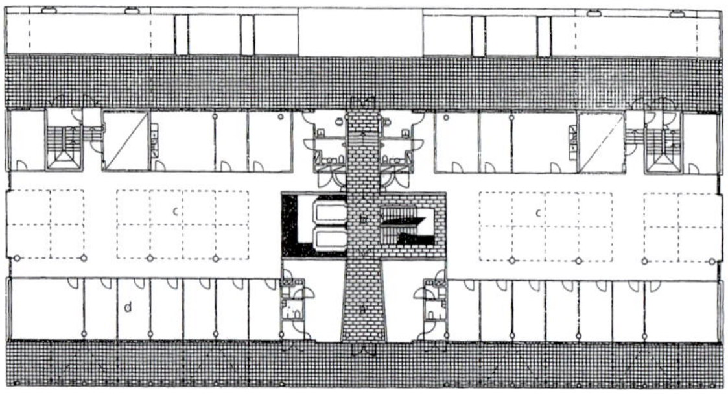


首层平面图

a. 主入口
b. 楼梯电梯厅
c. 开放办公区
d. 办公室
e. 咖啡厅
f. 会议室

内院景观

办公区共享空间景观之一

办公区共享空间景观之二

# 24 2000 年国际博览会芬兰馆　汉诺威　德国

## Finnish Pavilion in Expo 2000, Hannover, Germany

**建筑师：Sarc 建筑师事务所**
**Sarlotta Narjus, Antti-Matti Siikala**
**完成日期:2000 年**

2000 年国际博览会的芬兰馆是作为一个永久性建筑来设计的，源自全国设计竞赛的中奖方案。该馆建筑的核心是一片芬兰桦木林，其间是散布的石块，参观者都需通过这片桦木林才能进入展馆的展示区域，在通过展览的整个路径上人们都能强烈感受到桦木林的气息。选用的桦木高度为 12~15m，枝叶茂盛，散发出来自根部的芳香。这片小桦木林由一种丝屏式玻璃组成的幕墙围护起来，从而避开外界的喧闹。四层高的展馆在外观上是一个封闭的大木箱结构，因为建筑外表用专门处理的木板贴面，产生一种深褐色。在桦木林内院则有木桥连接展馆的不同展区。如此形成一个自成一体的自然景观，实际上是在国际博览会喧杂的场景中创造出一片净土。

展示空间主要布置在下面的两层，在靠近入口处有一个参观者使用的餐厅，在建筑南面则有一个部分覆顶的小广场，它同时可用作室外服务区域。多功能的商业空间设在三层，在四层除相关办公室和技术用房之外则设置了一组桑拿房，可同时为 8 组人员使用，每个桑拿房包括一个休闲空间。该设计在生态方面的另一个考虑是它的多功能适应性，该展馆一开始就是作为一个永久建筑设计的。展览过后，内部的庭院及其桦木林都可依具体需要重新设计安排，以便展馆轻易地转变为办公楼。

内院景观之一

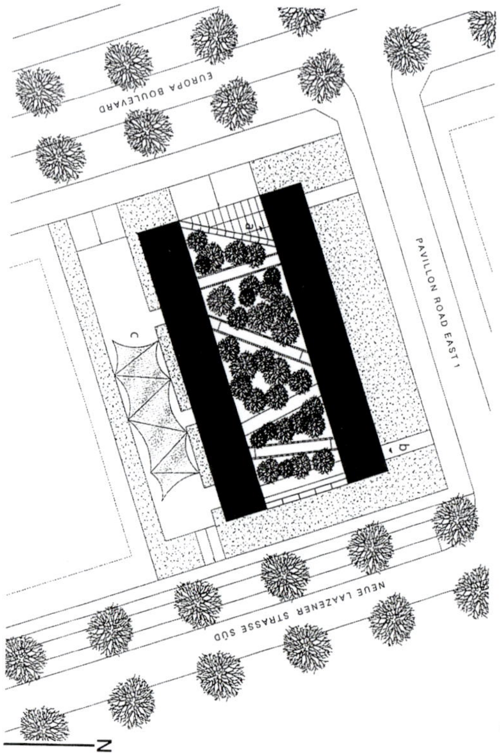


总平面图
a. 入口
b. 贵宾入口
c. 停车场

外观

入口天棚

内院景观之二

内院走廊

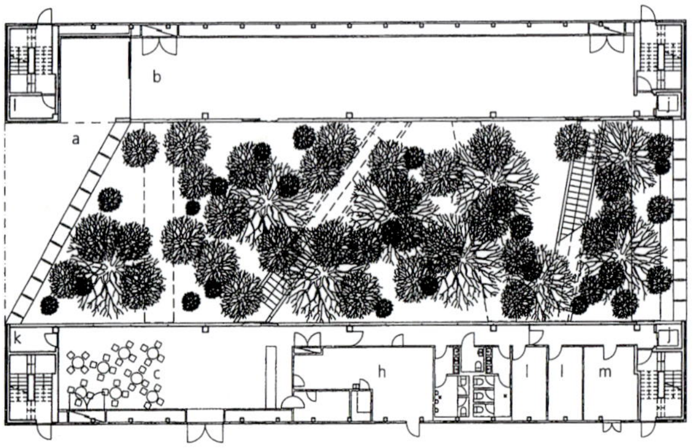

首层平面图

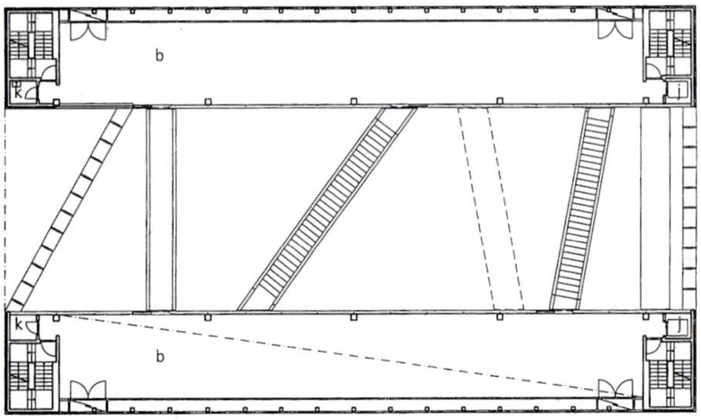

二层平面图

a. 入口处
b. 展示厅
c. 酒吧
d. 公司展览室
e. 会议室
f. 办公区
g. 桑拿房
h. 厨房
i. 贮物柜
j. 电梯
k. 贮藏室
l. 技术室
m. 垃圾处理房

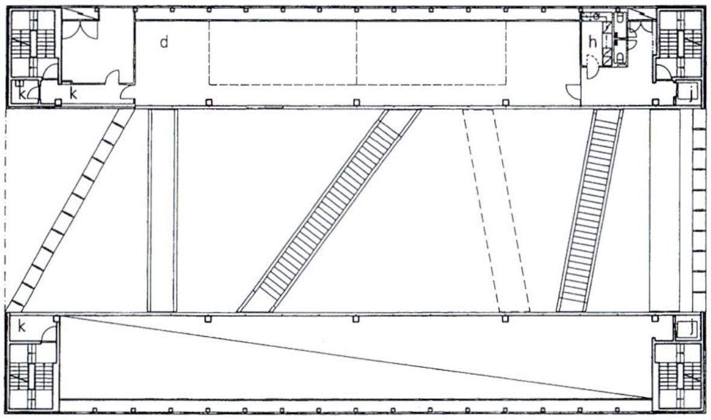


三层平面图

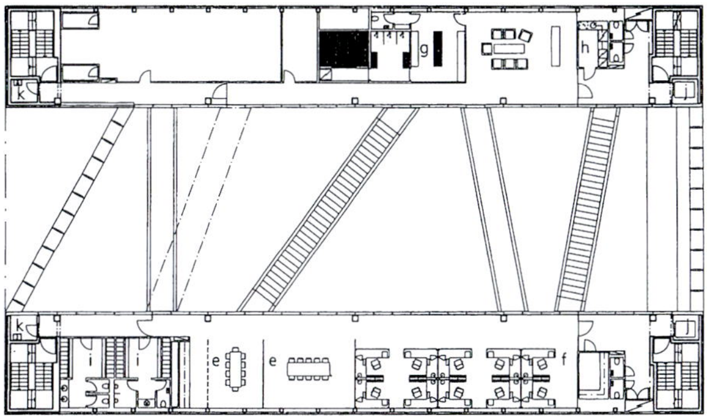


四层平面图

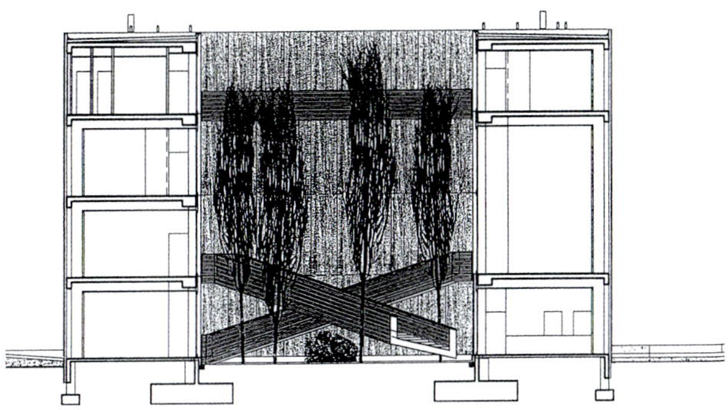

剖面图

内院景观之三